KB260903

생태기행

❷ 남부권

자연생명에 대한 예의

생태기행

❷ 남부권

| 김재일 지음 |

당대

자연생명에 대한 예의
생태기행 ❷ 남부권

지은이/김재일
펴낸이/김종님
펴낸곳/도서출판 당대

제1판 제1쇄 인쇄 2000년 7월 14일
제1판 제1쇄 발행 2000년 7월 20일

등록/1995년 4월 21일(제10 – 1149호)
주소/서울시 마포구 연남동 509 – 2, 3층 121 – 240
전화/323 – 1316 팩스/323 – 1317
전자주소/dangbi@chollian.net

ISBN 89-8163-054-2
      89-8163-052-6 (세트)

머리말

같은 동네에 살아도 낯선 눈으로 보면 늘 낯설게 마련이다. 하지만 어디서 만나든 낯익은 눈으로 먼저 알은체하면 누구와도 쉽게 이웃이 된다. 한번 알은체해 주면 그 다음엔 그것들이 먼저 나를 보고 인사한다.

생태기행은 '자연의 친구 사귀기'에 다름 아니다. 그 동안 혼자 또는 여럿이서 여러 곳을 찾아다니며 자연의 친구들을 사귀었다. 생태기행은 자연에 대한 감수성을 길러주는 여행이다. 이 책은 그 여행길에서 만난 친구들의 이야기이다.

꽃다지, 노루귀, 둑중개, 쉬리, 네발나비, 털두꺼비하늘소, 가창오리, 잿빛개구리매, 청솔모, 너구리… 세상에 아름다운 것들은 우리가 하나하나 이름 불러가며 만들어가는 것이다.

그러나 이 책은 그들의 분류학적 이름이나 알자고 만든 책이 아니다. 이름이란 본래 단지 어떤 사물에 대해 편의상 붙인 기호에 지나지 않는다. 다만 생태기행은 그 이름을 통해 이름 이전의 세계를 엿보는 것이다.

산천은 기(氣)가 살아 있어야 한다. 연줄처럼 팽팽해야 하고 그물코처럼 단단하게 엮어져 있어야 한다. 줄이 끊어진 연은 이미 연이 아니며, 코가 빠진 그물은 이미 그물이 아니다.

이른 아침 시골의 아버지가 논물을 보러 다니듯이 생태기행은 기가 막혀가고 있는 산천의 물꼬를 트러 다니는 여행이다.

봄이면 누가 꾀꼬리를 불러오고 가을이면 누가 단풍을 물들이는지, 자라는 왜 자라알만 낳고 고슴도치는 왜 고슴도치 새끼만 낳는지, 검은등할미새는 죽어서 무엇이 되고 땅강아지는 죽어서 무엇이 되는지, 꽃다지는 왜 봄에만 피고 기러기는 왜 겨울에만 날아오는지, 까치는 왜 마을에만 살고 꼬리치레 도롱뇽은 왜 골짝에만 사는지… 자연은 끊임없이 우리에게 화두를 던져주고 있다.

이러한 것들은 생태학적 지식만으로는 해답이 부족하다. 종교보다 철학보다 깊은, 어떤 거대한 질서가 틀림없이 있을 것이다. 생태기행은 잠시라도 그 질서 속으로 들어가는 생명체험이다.

인간은 없어도 되는 것들을 만드는 데 골몰해 왔지만, 자연은 없어서는 안 될 것들만을 만들고 있다. 자연에는 미물(微物)이라는 것이 없다. 저마다 위대하고 절대적인 것이다. 우리가 흔히 혐오하는 거머리며, 뱀이며, 송충이며, 독버섯이며, 바퀴벌레며, 황소개구리까지… 이 지구상에는 실수로 태어난 것이 없다. 이 지상의 살아 있는 모든 것들은 가장 온전한 가치로 태어난 것이다. 생태기행은 그러한 생명가치를 배우는 작은 수행이다.

추석이 가까워지면 할아버지는 어린 손자를 데리고 풀을 내리러 산으로 갔다. 할아버지는 성묘 가서 벌초하는 일을 '풀 내리러 간다'고 했다. 할아버지는 '풀을 벤다'는 말 대신 '내린다'는 말을 생각해 낸 것이다. 비바람에 묘소를 지켜준 풀에 대한 고마움이었다.

정월 대보름이 가까워지면 마을사람들은 장승을 세우기 위해 나무를 베러 산으로 간다. 그것을 마을사람들은 '장승을 모시러 간다'고 했다.

노승들이 어린 사미들에게 '사미율의(沙彌律儀)'를 가르쳤다. 밤에 등불을 켤 때는 꼭 덮어두어야 한다. 그렇지 않으면 곤충들이 모여 타죽는다. 썩은 나무는 불때지 마라. 그 속에 곤충들이 들어 있다. 구정물 버릴 때는 그릇을 높이 들지 마라. 땅이 패어 흙이 씻겨 내려간다…

생태기행은 자연생명에 대한 예의를 배우러 가는 것이다.

모든 것이 너무 빨리 변하고 있다. 내가 어젯밤 잠들기 전까지만 해도 상상치 못했던 세계가 매일 열리고 있다. 오가는 사람들이 낯설어지고 세상이 낯설어져 가듯이 자연도 발 빠르게 자꾸만 낯설어지고 있다. 산이 파괴되고 개펄이 사라지고 그 개울의 동자개가 없어지고 그 개펄의 동죽이 죽어나가고… 자연은 그 시대 인간들의 또 다른 모습이다. 생태기행은 사라져 가는 또 다른 우리를 만나러 가는 여행이다.

자연만큼 신중하고 과묵한 것도 세상에 없다. 그러면서도 자연은 한없이 섬세하다. 할미꽃은 언제쯤 피우고 매미는 언제쯤 밖으로 내보내고 꾀꼬리는 언제쯤 불러오고 단풍은 언제 물들일 것인지 물고기는 언제 짝을 지울 것인지 산천은 다 알고 있다. 떨어지는 낙엽까지도 다 제자리를 잡아준다. 자연은 흩어진 질서다. 생태기행은 그 질서 속으로 들어가는 여행이다.

문화유산은 자연의 또 다른 산물이다. 자연은, 산 높고 골 깊은 정선에서는 호흡이 느린 정선아라리를 만들고 들 넓은 남도 땅에서는 진도아리랑을 낳았다.

강화대교 건너 산기슭에 금표비가 서 있다. "放牲畜者 杖一百(가축을 함부로 놓아기르면 곤장 1백 대)", "棄灰者 杖八十(쓰레기를 함부로 버리면 곤장 8십 대)" 또 울진 소광리에 가면 소나무를 함부로 베지 말라고 쓴 황장금표가 있다. 문경새재 옛 길목에는 '산불됴심' 하라는 옛 비석이 서 있다. 생태기행은 자연을 잃어버린 우리 시대의 문화를 함께 돌아보는 여행이다.

    책 내는 일은 길가에 집 짓는 일과 같아서 보고 읽는 이들이 심판관일 수밖에 없다. 가는 사람 오는 사람 다들 한마디씩은 던질 것이다. 더욱이 자연생태를 전공한 사람도, 그곳에 사는 토박이도 아닌 처지에서는 집을 지어도 가건물일 수밖에 없음을 알고 있다.

    다만 우리 산천 이곳 저곳을 돌아다니면서 자연과 애틋한 정(情)을 나누고자 했을 뿐이다. 따라서 이 글은 그들과 나눈 '정의 기록'에서 벗어나지 않는다. 그 이상이면 주제넘은 짓임을 알고 시작한 글이다.

    그렇더라도 아쉬움으로 남는 것은 탐방지의 사계절 변화를 골고루 담아내지 못했다는 점이다. 문화유산은 사계절의 변화에 관계없이 돌아볼 수 있으나, 자연생태는 그 양상이 천변만화를 보여주고 있기 때문이다. 그리고 지리산과 설악산 같은 생태적으로 '큰 산'을 책에 담지 못한 것도 아쉬움을 준다. 독자들의 혜량 있기를 기대한다.

새 천년 첫여름, 한강 마포에서
김재일

1권 중부권 | 차례 |

울진 소광리 춘양목

울진 소광리

어려울 때는 소나무를 생각한다. 그 어느 나무보다 참고 견디는 힘이 강하기 때문이다. 소나무는 기름진 땅에서보다 오히려 척박한 땅에서 그 생명력을 여실히 보여주는 나무이다. 그리고 소나무만큼 정중하고 엄숙하고 과묵하고 고결한 나무가 또 있을까.

이번 생태기행은 우리 소나무를 보러 낙동정맥의 산간마을인 봉화 춘양을 거쳐서 울진 소광리와 망양정으로 간다.

'씨받이 나무', 춘양목

차를 타고 여행을 하다 보면 창 밖으로 시시각각 변하는 숲들을 본다. 마치 완행열차를 타고 간이역들을 지날 때마다 조금씩 사투리가 바뀌어 나중에는 아예 다른 억양의 사투리를 만나듯이 차창 밖에 보이는 숲들도 그렇다.

영주에서 열차를 타고 봉화로 가다 보면 차창 밖으로 지나가는 소나무들의 생김새가 조금씩 바뀌어가는 것을 느낀다. 봉화를 지나 춘양에 이르면 능선에 늘씬하게 생긴 소나무들이 이따금 눈에 들어오기 시작한다. 키가 크고 나무껍질이 붉은, 아까 영주에서 보던 소나무들과는 모습이 다르다.

춘양은 예나 지금이나 한적한 시골이다. 이 시골에 간이 역이 생긴 것은 일제가 이 지방의 잘생긴 소나무를 실어내기 위해서였다. 이곳에서 대처로 실려나간 소나무는 질이 좋아서 도처의 이름난 목수들은 일부러 '춘양목'이라는 영광스런 이름을 붙여주었다.

눈여겨보면 소나무의 서식지는 특별난 데가 있다. 더러 바닷가나 시냇가의 퇴적지에 군락을 이룬 소나무도 있지만, 대개는 척박한 조건에서 자라고 있다. 그래서인지 차창 밖으로 보이는 춘양목들도 거의가 능선이나 경사진 바위틈에 뿌리를 박고 있다.

춘양목은 다른 지역의 금강송과는 재질 면에서부터 그 품계가 다르다. 몸통 속부분인 심재율이 일반 소나무보다 높고, 뒤틀리거나 휘는 강도도 훨씬 높다고 한다. 그렇지만 수피가 얇으면서도 나무가 터지거나 갈라지는 수축률이 낮고, 굵기에 비해 나이테의 너비가 좁고 비교적 일정해서 비뚤어짐도 거의 없다. 수관이 좁아 결이 곱고 광택까지 있어서 이용가치도 높을 뿐 아니라 수명도 다른 소나무에 비해 10년 정도 긴 평균 60년 이상이다. 그래서 춘양목을 일찍이 '씨받이 나무'라고 불렀다.

일부 전문가들은 춘양목을 동해안 울진까지 올라와 있는 곰솔(해송)과 내륙의 적송(육송)이 자연교잡된 종으로 보고 있다.

춘양목 하면 일본의 국보 제1호인 목조

춘양목. 흔히 우리 소나무라고 하는 육송은 서식지방의 이름을 붙여 동북형, 금강형, 중남부평지형, 안강형 등으로 분류한다. 그중 백두대간 낙동정맥에 자생하는 금강형의 질을 으뜸으로 꼽는데, 이곳 춘양목도 금강형이다.

반가사유상이 떠오른다. 우리의 미륵반가상과 너무나 흡사하여 우리 민족이 건너가 조성했다는 설도 있으나, 아직은 고증된 바 없으므로 일단 제쳐두더라도, 그 반가상이 우리의 소나무로 만들었다는 것은 이제 정설로 되어 있다. 그렇다면 그 소나무는 낙동정맥에 분포하는 춘양목이 틀림없을 것이다.

전문가들에 따르면, 화분을 분석해 본 결과 우리나라 소나무의 역사는 약 1500년이라고 한다. 그전까지는 참나무류가 성하다가 점차 소나무가 우점종이 되기 시작했다는 것이다. 반면, 일본 소나무의 역사는 우리나라보다 500년 늦은 1000년 정도라고 한다. 그렇다면 그 시기는 솔거가 소나무 그림으로 새를 불러모으던 때요, 일본이 우리 소나무를 가져가 저네들 국보를 만들던 무렵이 아니겠는가.

소광리의 춘양목숲

흰 바위와 맑은 물과 푸른 솔이 어우러진 소광리 계곡

그러나 이름과 달리 춘양에는 춘양목이 그리 많지 않다. 아니, 손가락으로 헤아릴 정도이다. 한말까지만 해도 인근의 웬만한 산들은 모두 금강송으로 덮였으나, 일제가 도끼자루를 휘두르면서부터 소나무들이 모두 겁에 질려 산간오지로 숨어버렸다. 능선이나 묏부리에 몇 그루, 그것도 못생긴 것들만 눈에 띌 뿐이다.

춘양목을 제대로 만나려면 좀더 깊은 곳으로 들어가야 한다.

춘양-법전-분천을 지나면서부터 낙동정맥을 넘는 숨가쁜 고개가 시작된다. 이 고갯길은 불과 10여 년 전까지만 해도 군용트럭이나 지나다니던 비포장 작전도로였다. 분천에서 고개 넘어 20킬로 남짓 가면 통고산 휴양림 팻말이 나타난다. 통고산 휴양림 안에는 통나무 방갈로와 복원된 화전민 가옥, 산책로, 쉼터 등이 있어서 먼데서도 찾아온다.

통고산 들머리에서 5킬로 가면 소광리 삼거리가 나온다. 거기서 마을까지 1시간 가까운 비포장도로가 나 있는데, 차를 타고 들어가기가 아까울 정도로 도로 옆 계곡의 산수가 아름답다.

이곳 소광리 계곡은 흰 바위와 맑은 물, 푸른 솔이 어우러진 무릉도원이다. 큰용담, 그늘돌쩌귀, 용담, 왕달맞이꽃 같은 갖가지 야생화와 모시나비, 제비나비, 쇠똥벌레, 털두꺼비하늘소, 푸른풍뎅이, 길앞잡이도 심심찮게 보인다. 또 대광천 계곡 물 속에는 1급수 물고기 버들개나 진강도래 같은 수서곤충들도 쉽사리 눈에 띈다.

계곡으로 들어서면 춘양목은 더 이상 구경거리가 아니다. 능선이나 절벽 꼭대기로 쫓겨 올라갔던 춘양목이 군락을 이루며 산기슭까지 내려와 있다. 소나무도 산에 사는 토끼나 노루와 같아서 사람의 간섭이 없으면 마을까지 내려오게 마련이다.

춘양목은 나이를 먹을수록 나무껍질이 얇아지면서 붉어지는 적송계 소나무이기 때문에 초심자들도 한눈에 구분해 낼 수 있다. 또 키가 크고, 비록 한 그루가 서 있어도 뒤틀리고 휘어지는 법이 없다. 휘어진 것은 춘양목이 아니다. 그래서 하늘로 곧게 솟은 자태를 등천하는 용에다 비유하여 '적룡(赤龍)'이라고도 했고, 늘씬하게 뻗은 몸매를 여인에게 견주어서 '미인송(美人松)'이라고도 했다.

소나무 송(松) 자를 파자해 보면, 나무(木) 가운데 그 품작이 으뜸(公)이라는 뜻이다. 이곳의 춘양목을 보면 절로 고개가 끄덕여진다.

자연은 인간의 간섭이 덜할수록 튼실하게 마련이다. 인구밀도가 높은 지역의 소나무일수록 키가 작고 비틀려 있다는 사실만으로도 넉넉히 짐작할 수 있다.

소광리의 춘양목은 여의도의 다섯 배나 되는 1600헥타르의 넓은 지역에 서식하고 있다. 솔밭에 들어서면 심신이 가뿐해진다. 숲이 내는 피톤치드라는 성분 때문인데, 이 피톤치드는 소나무 같은 침엽수림에서 더 많이 나온다. 솔잎 속에도 방부제 성분의 터펜타인이 들어 있다고 한다. 조상들이 송편을 찔 때 솥에다 솔잎을 깔았던 것도 다 이유가 있어서 그랬던 것이다.

이곳의 춘양목은 겉이 검은 검대와 붉은 붉대 두 종류가 있다. 나이가 500년이나 되고 둘레가 3미터가 넘는 노거송도 있지만, 대개는 60년 전후의 장년 나무들이다. 키는 20미터 남짓하고, 둘레는 1미터 안팎이다.

춘양목이 다른 지역의 소나무에 비해 키가 큰 이유는 나무와 나무 사이의 폭이 좁기 때문이다. 그리고 다른 소나무에 비해 가지가 무성하지 않은 것은 겨울에 눈의 피해를 가능한 한 줄이기 위함이라고 한다. 가지가 무성하면 내려앉은 눈의 무게를 견디지 못하고 부러지기 때문이다.

계곡을 따라 걸어가면 임도(林道)에 '천연하종갱신'이라고 쓴 알쏭달쏭한 안내판을 만난다. 내용인즉슨 춘양목이 다른 나무들의 간섭을 받지 않고 자연적으로 번식할 수 있도록 한다는 것이다.

소광리 숲은 지난 1981년 '소나무 유전자 보존림'으로 지정된 이래 250그루의 씨받이 춘양목이 선택되어 꾸준히 후손을 퍼뜨리고 있다. 그리고 보니 바닥에 자연발아한 어린 춘양목들이 보인다. 대개 어린 나무는 활엽수를 만나면 햇빛을 못 받아서 고사하거나 더러는 겨울에 눈에 덮여 죽기도 한다. 그래서 어린 춘양목은 소광리 계곡의 원앙새끼들처럼 어미 가까이에 있어야 살아날 수 있다.

소광리에 춘양목이 아직도 건재하는 이유

어린 금강송군락. 어린 소나무들이 솔잎을 세 개씩 달고 있는 것은 햇빛을 조금이라도 더 받기 위함이다.

중의 하나는 경쟁상대인 활엽수들이 잦은 산불로 인해 크게 번성하지 못했기 때문이라고 한다. 10년 주기로 일어나는 산불 덕택에 춘양목은 마치 징병검사에 나온 청년들처럼 건장하다. 굴참나무나 신갈나무와 같은 활엽수들이 산기슭을 차지하고 있으나, 이제 춘양목을 따라잡지는 못할 것이다.

마을 노인들의 말을 빌리면, 일제시대만 해도 이 지역에 너와집들이 골짜기마다 있었다고 한다. 너와란 소나무를 두 자 정도의 길이로 잘라 세로로 켜서 만든 널빤지인데, 화전민들은 그걸로 지붕을 덮었다. 그러나 소나무라고 다 너와를 만들 수 있는 것은 아니다. 목질이 단단하고 결이 고른 금강송이 아니면 너와가 될 수 없다. 그래서 너와집은 주로 금강송이 자라는 백두대간 낙동정맥 산간에서만 볼 수 있다.

황장금표로 남아 있는 소나무 사랑

춘양목숲이 비교적 좋은 상태로 남아 있는 것은 인간의 간섭으로부터 멀리 떨어진 험난한 지리적 조건말고도, 우리 선조들의 소나무에 대한 끔찍한 사랑 덕분이다.

그 깊은 사랑의 흔적이 황장금표(黃腸禁標)이다. 삼거리에서 10여 분 들어간 장군계곡 바위에 새겨져 있는 금표는 질 좋은 소나무를 찾아서 보호하고 남벌과 도벌을 막기 위해 숙종 때 세운, 지금의 벌목금지 경고판과 같은 것이다.

황장이란 나무의 속질이 황금색을 띠고 있다고 해서 붙은 이름인데, 나라에서는 이 나무를 베어다가 왕족들의 관(棺)을 만들 때 썼다. 이러한 연유로 해서 질 좋은 금강송을

'황장목(黃腸木)'이라고도 부르게 된 것이다. 그러니 금표가 없다 한들 누가 감히 함부로 손을 댔겠는가.

더구나 옛사람들의 소나무 사랑은 따로 송금(松禁)의 날을 정해 소나무를 베지 않는 세시풍속에서도 드러난다. 심지어는 소나무는 '소나무〔牛木〕'라 하여 지방에 따라 우목이 있는 곳에서는 소도 함부로 잡지 못하게 했으니 소나무에 대한 사랑이 어떠했는가는 짐작하고도 남는다.

소나무의 중요성을 가리키는 말 가운데 잡목(雜木)이라는 용어보다 더 절실한 말은 없다. 옛날에는 소나무 외에는 모두 잡목이라고 했다. 소광리에도 많은 종류의 활엽수가 있지만, 모두가 소나무 아래 자리하고 있다. 소광리 마을에서 소나무를 당나무로 모시고 있는 것은 너무나 당연한 일일 것이다.

춘양목 한 그루면 너와집 한 채를 지었다고 한다. 춘양목 한 그루 베면 소달구지 하나 가득했고, 이 한 그루면 삼동 군불을 땐다고 했다. 심지어 춘양목을 베어낸 그루터기에 대여섯 명이 올라앉아 새참을 먹었다는 이야기도 있다. 춘양목이 다른 소나무에 비해 그만큼 크고 튼실했다는 이야기이다.

산비탈 곳곳에 고사목도 눈에 띈다. 춘양목은 고사목도 품위가 있다. 우람한 덩치도 덩치거니와 죽어서도 허리를 굽히지 않은 절개가 가상하다.

그러나 소광리 숲도 좌충우돌해 온 산림정책으로 말미암아 상처를 많이 입었다. 계곡 깊숙이 들어가 보면 마치 죄수들마냥 삭발당한 숲도 보이고, 수종을 잣나무로 바꾸어

산지기 이름과 사방의 경계가 명시되어 있는 황장금표

버린 곳도 있다. 또 어떤 곳은 나무를 마구 베어내고 여기
저기 임도를 만들었다. 누구 좋으라고 하는지는 모르지만,
곳곳에 도로와 다리가 새로 만들어지고 있다. 뿐만 아니다.
여름철이면 관광객들이 수없이 들락거리고, 더러는 계곡
가운데까지 차량을 끌고 들어가기도 한다.

소나무 기행은 왕피천에서 동해 바닷가로 이어지고

소광리를 나오면, 맑은 물과 눈부신 화강암이 일품인 불영
계곡이 이어진다.

　남한땅에서 이만한 계곡을 찾기란 그리 쉽지 않다. 아직
도 수달이 서식할 정도로 생태계도 튼실하다. 특히 왕피천
으로 이어지는 계곡과 암벽에는 춘양목이 늘씬늘씬하게 자
라고 있다. 미학적인 면에서는 오히려 소광리보다 앞선다.

길이 13킬로의 불영계곡.
이곳 춘양목은 미학적인
면에서 소광리 춘양목보
다 더 돋보인다.

봄이면 춘양목에도 꽃이 핀다. 소나무에 무슨 꽃이냐 할지 모르지만, 송화(松花)가 바로 소나무꽃이다. 송홧가루가 바람에 날릴 때면 계곡은 정말 장관이다. 소나무만이 아니라 모든 나무는 꽃을 피운다. 다만 꽃이 요란스럽지 않기 때문에 사람들이 몰라볼 뿐이다.

목탁소리 들리는 물가에 앉았노라면 "소나무 아래에서 동자에게 물으니 노승은 약 캐러 산속에 있다"는 옛 시가 불현듯 떠오른다.

불영계곡은 울진 읍내를 저만큼 두고 왕피천과 합류하여 동해로 흘러든다. 왕피천은 영양과 울진의 경계를 이루는 금장산(849)에서 발원하여 통고산을 돌아나온 물줄기이다. 근래 연어를 양식하여 큰 바다로 내보내고 있는데, 늦가을이면 알을 낳기 위해 모천을 찾아오는 연어떼가 장관을 연출한다.

불영계곡과 왕피천이 만나는 노음리에 이르면 춘양목은 서서히 자취를 감추어, 이따금 산비탈에 앉은 무덤가의 도래솔만 몇 그루 보일 뿐이다.

예부터 우리 민족은 무덤 주위에 소나무를 심는데, 이런 소나무를 도래솔이라고 한다. 그러다 보니 도래솔에 얽힌 이야기도 많다. 도래솔은 묘지 속의 영혼을 고이 잠재운다든가, 영혼이 키 큰 도래솔을 타고 승천한다는 얘기에서부터 어떤 이가 도래솔을 몰래 베어가지고 오다가 다리 아래로 떨어져 죽었다는 등 도래솔을 베면 액이 낀다는 소문도 있다.

울진 읍내로 내려오면 춘양목은 눈에 띄게 줄어든다. 울진에서 7번국도를 타고 영덕-포항으로 내려가다 보면 같

은 낙동정맥인데도 차창 밖의 소나무는 그 모양새가 완전
히 달라진다. 영덕을 분기점으로 해서 포항과 경주에 이르
러서는 키가 작고 구불구불한 안강형 소나무 일색이다.

소나무 기행은 왕피천에서 동해 바닷가로 이어진다. 왕
피천을 따라 내려가면 불과 3킬로 거리에 울창한 소나무숲
이 있기 때문이다.

민물과 바다가 만나는 어귀의 산언덕에 망양정(望洋亭)
이 서 있고, 그 정자 위에 오르면 소나무숲이 울타리처럼
바다를 감싸안고 있다. 춘양목이 아니라 해송이다. 소나무
기행의 종점을 굳이 망양정으로 정한 것도 바로 이 해송을
보기 위함이다.

해송은 소나무보다 따뜻한 곳을 좋아하기 때문에, 그래
서 바닷가라 해도 울진 북쪽으로는 거의 분포하지 않는다.

해송은 잎이 소나무의 잎보다 억센 까닭에 곰솔이라고도
부르고, 목피의 색깔이 검다고 해서 흑송이라고도 한다. 일
반 육송의 겨울눈은 붉은색을 띠지만, 해송은 은백색을 띠

망양정과 바다를 울타리처럼 두르고 있는 해
송숲

기 때문에 겨울에도 쉽게 구분된다.

해송과 육송은 서로 텃세가 심해서 뚜렷한 분서현상을 보이고 있다. 즉 육송이 터를 잡은 곳에 해송이 들어가지 않고, 해송이 텃세를 부리는 곳에 육송이 함부로 들어가지 않는다.

해송숲에 둘러싸인 망양정은 송강 정철이 지은 「관동별곡」의 마지막 무대이다. 송강은 망양정 아래 소나무 뿌리를 베고 누웠다가 꿈결에서 신선을 만나 뉴하주를 얻어마신다. 송강은 그 술을 백성(사해)들에게도 골고루 나누어 모두 취하게 만들어 함께 선경에 들겠다고 한다.

저근덧 가지마오 이 술 한잔 먹어보오
이 술 가져다가 사해에 고루 나눠….

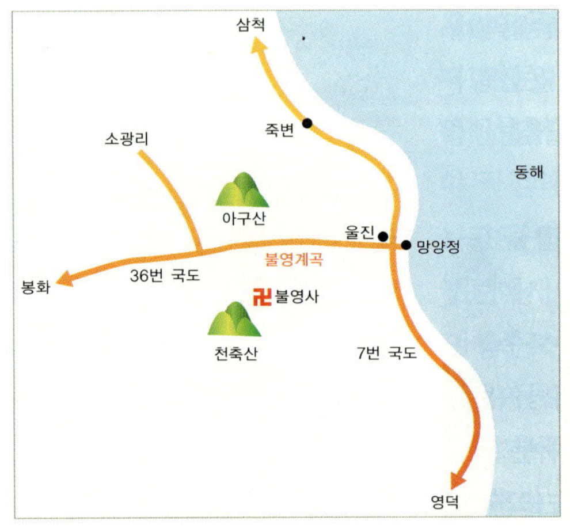

교통
서울 동서울터미널에서 울진행 버스가 2시간 간격으로 있다. 영주에서는 20분마다 울진행 버스가 다닌다. 버스는 불영계곡 못미처 소광리 입구에서 내린다. 승용차는 숲의 보전을 위해 가급적 자제하는 것이 좋다.

숙식
통고산에 휴양림(054-782-9007)과 소광리 계곡에 민박집(782-4526)이 있으나 불영계곡이나 울진으로 나오면 숙식을 쉽게 해결할 수 있다.

기타
울진고우산악회(782-4454 / 783-2353 / 782-5959)에 연락하면 도움말을 들을 수 있다.

하회마을의 여름꽃

어느 시인의 말마따나 역사 깊은 안동은 어제의 햇볕으로 오늘이 익는 곳이다. 안동에서도 하회마을은 '과거로서 현재를 대접하는' 안동 역사와 문화의 꽃밭이다.

하회는 명당인 만큼 지신(地神)의 텃세도 셌다. 먼 옛날 사람들이 들어가 터전을 닦으면 지신이 번번이 훼방을 놓았다. 대들보가 무너지고, 샘을 파면 뭉개지고, 때로는 돌림병이 마을을 쑥대밭으로 만들기도 하고⋯. 그러던 어느 날 이곳을 지나가던 스님이 방편을 일러주었다. 짚신 천 켤레를 삼아서 길 가는 사람들에게 적선을 하라는 것이었다. 스님이 일러준 대로 적선을 하자, 재액은 물러가고 하는 일마다 술술 잘 풀렸다.

이번 걸음은 하회마을의 여름꽃을 보기 위해 나섰다.

연화부수형의 땅, 하회마을

낙동강의 넓은 흐름이 마을 전체를 동서남 방향으로 감싸고 도는 '물돌이동〔河回〕' 하회마을. 손등처럼 불룩한 마을을 중심으로 뒤로는 봉화에서 내려온 태백산 지맥인 화산

(271)이 있고, 앞으로는 영양 일월산 지맥인 화산이 부용대로 솟아 있다. 그 사이로 낙동강 본류인 화천이 명당수로 마을을 돌아간다.

전설에 걸맞게, 풍산 삼거리에서 하회로 접어들면 낙동강이 만들어낸 비옥한 들녘에 벼들이 잘 자라 있다. 그 옛날 짚신을 만들게 해주던 그 벼들이다.

백로 몇 마리가 마치 길손을 안내하듯이 앞서 논뜰 위를 날고 있다. 옛사람들은 마을에 백로가 깃들이면 마을이 잘산다고 했다. 곰곰 생각해 보니 정말 그렇다.

생태 피라미드를 그려보면, 맨 꼭대기에 매와 같은 맹금류가 있고, 그 아래 백로가 있고, 다음에 미꾸라지나 개구리가 있고, 또 그 아래는 메뚜기 같은 풀벌레가 있다. 풀벌레 아래는 1차 생산자인 식물이 있다. 들풀과 나무와 곡식과 채소가 병약하면 피라미드는 와르르 무너지게 되어 있다.

논둑과 산기슭이 만나는 습한 곳에 익모초가 꽃을 피웠

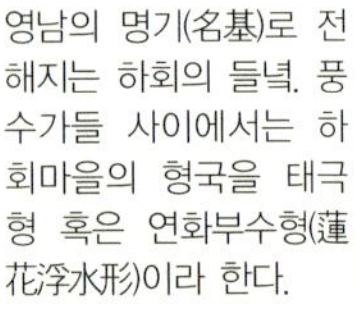

영남의 명기(名基)로 전해지는 하회의 들녘. 풍수가들 사이에서는 하회마을의 형국을 태극형 혹은 연화부수형(蓮花浮水形)이라 한다.

다. 익모초 하면 잘 안다는 듯이 다들 고개를 끄덕이지만, 꽃을 아는 이는 절반도 안 될 것이다. 익모초는 약방의 감초만큼이나 약재로 널리 알려져 있다. 아낙네들이 입맛이 떨어지는 여름철 한줌씩 베어다 달여먹거나 아이들이 놀다가 다쳤을 때 잎을 이겨 발라주던 그 풀이다.

채식은 제1의 환경보호

논둑길을 걸으며 잠시 채식(菜食)을 생각한다.

우리 조상은 일찍이 채식인들이었다. 육식이라고는 그저 명절 때나 보식(補食)으로 몇 젓가락 들었을 뿐이다. 가난해서가 아니었다. 거기에는 삶과 자연의 철학이 있었다.

육식생활은 목장을 만들고 목초를 생산해서 그것을 다시 소·돼지에게 먹여 길러야 가능하기 때문에 산림환경에 누를 끼친다. 햄버거 하나를 만드는 데 소나무 한 그루가 자랄 수 있는 목지(牧地)가 필요하다고 한다. 또 우리가 기르고 있는 300만 마리의 소가 하루에 내놓는 배설물은 우리 국민 7천만 명이 쏟아내는 배설량을 웃돈다. 목초를 키우기 위해 뿌리는 농약과 비료는 또 얼마인가. 축산폐수가 심각해진 것도 육식생활 때문이다.

목축은 직접농사보다 비경제적이다. 미국인이 연간 육류 소비량을 10% 줄이면 연간 6천만 명의 채식인들이 기아에서 벗어날 수 있다는 보고도 있다.

고기를 먹지 않으면 힘을 못 쓴다는 말은 무식의 소치이다. 식물 단백질은 육류 단백질보다 지구력을 키워주고 성인병을 막아준다는 보고가 나온 뒤로 서구인들도 오가닉푸

익모초. 여름철에 잎겨드랑이에서 진분홍 꽃이 층층이 핀다. 키다리치고는 꽃이 작은 편이다.

드니 내추럴푸드니 하면서 자연식에 눈을 돌리고 있다.

미국의 외식산업이 들어오기 전까지만 해도 우리는 우리 고기만으로 충분했다. 그런데 불과 10년 만에 우리는 그들의 고기를 사다 먹지 않으면 안 되게 되었다. 이게 자본식민이라는 것이다.

흙투성이 농부가 논둑 위에 앉아 한가로이 담배를 피우고 있다. 시커멓게 그을린 그의 목덜미가 참으로 건강해 보인다. 문득, 글 좋은 이현주 목사가 떠오른다.

천천히 씹어서/공손히 먹어라
봄에서/여름 지나/가을까지/그 여러 날들을/비바람 땡
볕으로/익어온 쌀인데
그렇게 허겁지겁/삼켜버리면
어느 틈에/고마운 마음이 들겠느냐
사람이 고마운 줄 모르면/그게 사람이 아닌거여

논들머리에서 왼쪽으로 난 농로를 굽이굽이 돌아 화천강변에 아름다운 병산서원을 돌아보고 하회마을로 향한다.

자연이 망가지면 무슨 문화가 생겨날까

강변 쪽으로는 양버들숲이 듬성듬성 있고, 왼쪽 야산기슭은 소나무와 활엽수가 들어차 있다. 그 가운데 오리나무도 간간이 보인다. 마을 들머리 못미처 왼쪽 산밑에 하회탈놀이 전수회관이 자리잡고 있다. 방학을 맞아 곳곳에서 내려온 젊은 친구들이 비지땀을 흘리며 탈춤을 배우고 있다.

별신굿 하회탈은 현재 국보 제21호
로 지정되어 있다. 모두 11개인 하회탈
은 우리나라에서는 흔치 않은 나무탈
이다. 나무탈이기에 육중한 질감과 대
륙적인 표정을 담을 수 있었을 것이다.
요즘은 새기기 쉬운 피나무를 사다가
조각하지만, 예전에는 오리나무로 하
회탈을 깎았다고 한다. 좀전에 보았던
바로 그 오리나무이다.

순박한 자연미가 돋보이는 하회마을의 골목

　　자연과 문화는 떼려야 뗄 수 없는 사
이이다. 돌 많은 곳에는 돌장승을 세우고, 나무 많은 곳에
는 나무장승을 세웠다. 산 많은 정선에서는 느린 가락의 정
선아라리를 불렀고, 들 넓은 호남에서는 어깨춤 절로 나는
진도아리랑을 불렀다. 자연이 망가진 아파트와 빌딩 숲에
서는 무슨 문화가 생겨날까. 기계와 배금(拜金)의 문화가
사람들을 병들게 하지 않을까 염려된다.

하회마을의 여름꽃

하회는 풍산에서 들어오는 길이 마을을 남북으로 가르고
각각 남촌, 북촌이라 불린다. 마을의 평면도를 보면, 보물
로 지정된 양진당(제306호)과 충효당(제414호)을 비롯하여
남촌댁과 북촌댁 등 양반사대부들의 반촌은 마을 중심에
앉아 있고, 평민이나 하층민이 살았던 토담집과 봉담집 같
은 초가는 마을 주위에 자리잡고 있다. 200여 채의 고가가
있는데, 기와집과 초가가 각각 절반씩이다.

초여름부터 가을까지 피는 접시꽃(위)은 분홍색이 가장 흔하며 빨간색과 흰색도 있다. 능소화(아래)도 적황색 나팔 모양의 꽃을 여름부터 가을까지 피운다.

마을에 들어와 먼저 눈에 띄는 것은 골목이다. 진흙과 돌을 시루떡처럼 켜켜이 넣어 쌓은 것도 있고, 진흙에 짚을 썰어넣고 버무려 쌓은 것도 있다. 순박한 자연미가 눈맛을 즐겁게 해준다. 비바람에 떨어진 땡감들이 마치 돌멩이처럼 발부리에 차인다. 가을이면 붉게 물든 감잎들이 떨어져 골목에 단풍 양탄자를 깐다.

그 흙담에 기대어 키 큰 접시꽃이 무더기로 피었다. 옛날에 아이들은 이 꽃잎을 따서 코끝에 닭볏처럼 붙이고 다니며 놀았다. 허준의 『동의보감』에는 일일화(一日花)로 나와 있는데, 부인들의 냉대하에 좋다고 한다. 그래서인지 하회마을에는 한 집 건너 한 포기씩은 눈에 띈다.

붉은 능소화도 담장을 넘어와 요염스럽게 피었다. 우리 사신들이 원산지인 중국을 드나들면서 가져온, 색상이 화려하고 기품이 있는 꽃이다. 이른바 양반꽃이라 하여 주로 사대부집에서 심었고, 민가에서는 함부로 심지 못했다. 그러나 능소화는 풀꽃이 아니라 낙엽 지는 나무이다. 능소화는 흡착뿌리를 가진 덩굴나무라서 벽이나 담을 잘 올라타기 때문에 조경할 때 큰 나무나 담장 가까이에 심는다.

마을 한가운데 듬직한 당나무가 서 있다. 600년이나 되었다고 한다. 대개의 느티나무는 지상에서 2미터 정도 올라가서 갈라지는데, 이 나무는 마치 관목처럼 아랫부분에서부터 여러 줄기로 갈라진 것이 특이하다. 지금도 하회마을에서는 금줄을 치고 깍듯이 고사를 지내고 있다.

금줄 이야기가 나왔으니 말인데, 당나무의 금줄은 당나무 지킴이이자 성스럽고 신령스러운 것에 대한 외경심의

표현이다. 크리스마스 트리에 장식줄을 두르는 것도 처음
에는 금줄처럼 신앙적 외경심에서 시작되었을 것이다. 그
런데도 유독 우리의 금줄만 미신으로 치부하는 이들이 있
어서 실소를 금할 수 없다.

삼신나무 그늘 한켠에 달개비가 홀로 피었다. 습한 곳을
좋아하지만, 꽃은 참 청초하다. 사람들이 거들떠보지도 않
는 축축하고 구석진 곳에 뿌리를 박은 달개비를 보면, 문득
우리가 가진 한푼이 턱없이 많고 우리가 가진 한 뼘 땅도
죄송할 만큼 넓게 느껴진다.

흙집은 환경 미래를 위한 새로운 생태주택

현재 하회마을의 초가는 봉담집과 토담집이 대표하고 있

금줄이 쳐진 삼신당나무.
지금도 하회마을에서는
당나무에 금줄을 치고
깍듯이 고사를 지낸다.

다. 이 집들은 기초재료인 진흙으로만 쌓아올린 전통 축조 법을 보이고 있어서 눈여겨볼 만하다. 초가집은 까치구멍 집 계열에 속하는데, 양반집에 드난살이를 하던 종들이 살 던 집이다.

이농현상으로 이곳 초가집들도 많이 비어 있다. 지난 가 을에 지붕을 이지 않아서 어떤 지붕은 볼썽사납게 푹 꺼져 있는데다, 며칠 전에 내린 비로 지붕 위에는 이름 모를 버 섯들이 제 세상 만난 듯 우후죽순으로 돋았다.

마당 한켠에 함초롬히 핀 옥잠화가 주인이 떠나고 없는 빈집을 봄부터 지키고 있다. 한여름이면 전국 어디서나 볼 수 있는 옥잠화는 꽃봉오리가 터지기 전의 모습이 마치 선 녀들의 비녀처럼 생겼다 해서 그런 이름이 붙었다. 하얀 꽃 은 아침에 피었다가 저녁이면 오그라든다.

해맑은 꽃을 보니, 누군가가 새벽에 집집이 돌아다니며 꽃잎을 저렇게 열어놓고 가나 싶다.

양진당은 하회마을의 큰 종가집이고, 충효당은 작은 종

여러해살이풀 옥잠화(왼쪽)의 길쭉한 꽃대에 서 역시 길쭉한 하얀 꽃이 핀다.
제대로 손보지 않아 볼썽 사나워진 초가지붕 에는 버섯들이 우후죽순으로 돋아 있다.

가집이다. 『징비록』을 지은 서애 유성룡의 집이 충효당이다. 충효당 서애가 청빈한 삶을 마감한 후 후학과 후손들이 지금의 규모로 크게 지었다고 한다.

사랑채 앞에 때마침 수국이 기품 있게 피었다. 수국은 풀꽃이 아니라 관목(灌木)이다. 관목이란 키가 작은 나무를 일컫는데, 키가 작다고 다 관목은 아니다. 나무줄기가 분수처럼 사방팔방으로 뻗어나간다고 해서 관(灌) 자를 쓴 것이다.

수국은 잎이 무성해서 풀꽃으로 착각하는 이도 있다. 중국의 시인 백낙천이 '신선의 꽃'이라고 예찬한 이후 우리 사신들도 중국에 갔다가 돌아올 때면 다투어 수국을 가져왔다. 그래서 수국도 지체 높은 사대부집에서나 볼 수 있었다.

사랑채를 돌아 유물관으로 가다 보면 왼쪽에 잘 키운 반송이 있다. 줄기가 여러 갈래로 갈라져 마치 우산을 펼쳐놓은 듯하다.

충효당 가까이에도 초가로 이은 토담집 하나가 앉아 있다. 지금은 가게가 되어 있지만, 이 집은 달리 기둥을 쓰지 않고 황토로만 지은 원시형 초가집이다.

최근 황토에서 원적외선이 발산된다는 사실이 확인되면서 흙집을 많이들 짓고 있는데, 다만 건강에 좋다는 것만 생각할 뿐 환경까지는 생각 못하는 게 아쉽다. 흙집은 시멘트집과 달리 오래 되어 무너져 내려도 오염원이 되지 않는다. 모든 자재들이 다시 자연으로 돌아가기 때문이다. 이렇듯 흙집은 과거의 유물이 아니라 미래 환경을 위한 새로운 생태주택이다.

한여름에 푸른색·흰색·보라색·분홍색 꽃을 피우는 수국. 유감스럽게도 충효당의 수국은 일본에서 들어온 선발개량종이라 우리 것보다 덜 탐스럽다. 전통마을답게 우리 수국으로 바꾸어놓았으면 좋겠다.

하회마을을 지켜준 만송정 소나무

매미들의 합창소리가 요란하다. 한두 마리도, 한두 종류도 아니다. 떼거리로 신나게 울어댄다.

종류마다 약간의 차이는 있지만, 매미는 5년 동안이나 땅속에서 살다가 나온다. 그래서 옛사람들은 매미를 부활의 상징으로 보고, 사람이 죽었을 때 관 속에 매미 모양의 장신구를 함께 묻거나 관에 매미 모양을 장식했다. 물론 양반 사대부집 이야기이지만….

매미소리를 들으며 화천 강변으로 나간다. 화천은 동쪽에서 서쪽으로 들어와서 다시 동쪽으로 태극 마크를 그리며 마을을 돌아나간다. 폭 200여 미터, 수심은 3미터 안팎의 강 가장자리에는 퇴적한 모래밭이 4킬로나 펼쳐져 있다.

모래밭에 아름을 넘는 만송정 소나무들이 울울창창하게 숲을 이루고 있다. 까다로운 성격의 소나무들이 이곳에 숲

낙동강 상류인 화천에서 건너다보이는 층암절벽 부용대

을 이룰 수 있었던 것은 모래뿐인 척박한 토양 때문이다. 비옥한 땅이었더라면 다른 활엽수들의 공격을 받아 어디론 가 쫓겨났을 터이다. 어쩌면 오늘의 하회마을도 이 울창한 숲이 게센 강바람과 홍수를 막아주고 모래밭을 지켜준 덕 분인지 모른다.

그러나 아쉽게도 솔밭 아래 후계목이 전혀 보이지 않는 다. 여름철이면 몰려드는 피서객들 때문인가. 설령 그렇더 라도 관리를 해서 솔씨들이 뿌리를 내릴 수 있게 해야 할 것이다. 그것은 솔밭의 덕을 보고 사는 하회사람들 몫이다.

교통
동서울터미널에서 고속버스를 이용하거나 중앙선을 타고 안동에 내리면 역전에 하회마을 가는 버스가 시간마다 있다. 승용차는 문경새재나 죽령을 넘어서면 불과 1시간 거리이다.

숙식
안동시내나 하회마을의 모텔(054-853-4006~8)과 헛제삿밥을 하는 식당(853-2300/854-8844)을 이용하면 된다. 고가에서도 민박이 가능하다.

기타
탈놀이에 관한 것은 전수회관(854-3664)으로 문의하면 된다. 강 건너 부용대에 겸암과 서애가 남긴 화천서당을 비롯하여 풍치 좋 은 겸암정, 옥연정, 원지정사 등이 자리하고 있다.

명호강의 우리 물고기

요즘 환경모임에 나가보면 "한강은 없다"느니 "낙동강은 죽었다"느니 하는 말을 자주 듣는다. 사실이 그렇다. 그만큼 5대강이 오염되고 주위 생태계가 급속도로 무너지고 있다는 뜻이다. 소양댐 아래로는 이미 한강이 아니고, 안동댐 아래로는 이미 낙동강이 아니다. 생태기행을 다니면서 몸으로 경험한 명제다.

이런 극단적이고 비관적인 진단 속에서도, 아직 우리에게 희망으로 남아 있는 곳이 적지 않다는 게 다행이라면 다행이다. 더러는 어쩔 수 없이 혼자만 알고 있어야 하는 곳도 있고, 더러는 널리 알려서 지켜야 하는 곳도 있다.

한강의 희망은 내린천과 동강에 있고, 낙동강의 희망은 봉화 명호강과 영양 반변천에 있다. 아직은 한강을 한강이라 부르고, 낙동강을 낙동강이라 부를 수 있는 것도 이들 때문이다.

싱그러운 자연이름이 물씬 밴 강마을을 따라

낙동강은 가락[伽倻]의 동쪽을 흐른다고 해서 낙동강이라

했다. 『동국여지승람』 등에는 낙수(洛水)로 기록되어 있다.

　태백의 함백산(1573)에서 발원한 낙동강은 봉화 청량산 기슭의 자갈밭을 쓸어내리며 안동댐에 이른다. 안동댐에서 며칠 밤을 샌 본류는 하회마을에 들러 탈굿 한마당을 신명나게 놀고는 상주에 이르러 소백의 이름없는 여러 골짝물을 얼싸안고 선산-성주-대구 등 영남의 너른 들을 흠뻑 적신다. 달구벌을 나선 낙동강은 창녕-밀양-김해평야를 휘이휘이 돌아 을숙도에 이르러서야 비로소 남해로 흘러든다.

　낙동강은 남한에서는 가장 긴 강이다. 발원지에서 하구까지를 아홉 굽이로 나누어 흔히 천리(千里) 구곡장류(九曲腸流)라고 한다. 본류인 명호강은 발원지인 태백과 안동댐을 잇는 낙동강의 두번째 구간에 해당하는 긴 흐름이다. 하구로부터 장장 천릿길을 거슬러 올라간 상류이다.

　강원도와 경상도의 경계에 있는 봉화땅은 영남에서도 가

명호강 지류. 낙동강을 낙동강이라 부를 수 있는 것은 명호강 같은 맑은 물이 있기 때문이다.

장 산 높고 골 깊은 오지이다. 태백(1567), 선달(1236), 구룡(1346), 문수(1206) 등 태백과 소백의 고산준령이 모두 봉화의 머리맡에 있다. 명호강은 봉화의 이런 고산준령들을 발원지로 하는 법전천, 광비천, 현동천, 운곡천, 재산천 같은 해맑은 지천들이 낙동강 본류와 함께하는 합집합의 강이다.

명호강 주위는 유역이라고 부를 만한 평지나 평야가 거의 없는 산간이다. 벼농사가 거의 불가능해서 예부터 화전민이나 들어와 살던 곳이다. 그래서 명호강 강마을들은 일년 열두달이 보릿고개였다.

영동선 산간열차를 타고 현동쯤에서 내려 강줄기를 따라 내려가다 보면 물알, 아름, 황새말, 달밭, 배름, 보리골, 버들미, 갈래, 꿩마, 갈골, 뒷실, 쏘두들, 고리재, 올미, 가사리… 물밑의 자갈 구르는 소리처럼 해맑은 이름의 마을들을 만난다.

이 이름들은 그대로가 우리의 싱그러운 자연의 이름이다. 물알(물새알), 버들미(버들치), 갈골(갈겨니), 쏘두들(쏘가리), 가사리(빠가사리), 황새말(황새), 꿩마(꿩), 올미(올빼미), 보리골(보리), 달밭(달래냉이), 고리재(고사리)… 상상만으로도 즐거운 이름들이다.

한치의 잡티도 허용 않는 강이었건만
명호강은 35번국도와 918번 지방도로가 만나는 도천리에 이르러서야 비로소 사람들 앞에 속내를 드러내 보인다. 내린천과 동강이 이미 래프팅 등으로 몸살을 앓고 있는 데 비하면 명호강은 아직도 맑다. 다만 장마철이 되면 태백지역

명호강 중류. 흐른다기보다 쏟아진다는 표현이
더 실감날 정도로 유속이 빠르다.

의 폐광에서 흘러나오는 폐수가 문제이긴 하지만.

명호(明湖)라는 이름에서도 그렇고, 저만큼 눈앞에 둔
청량산(淸凉山)의 이름에서도 그 청정함을 충분히 느낄 수
있다. 칼날처럼 푸르고 맑아서 도천(刀川)이라고도 하는 명
호강은 조금의 잡티도 허용하지 않는다.

강의 가장자리 일부를 빼고는 이끼류를 전혀 찾아볼 수
없다. 가뭄 때도 막힘이 없는 빠른 유속 때문이다. 골 깊은
사행천(蛇行川)이면서도, 명호강은 흐른다기보다 쏟아진다
는 표현이 더 실감이 날 정도로 유속이 빠르다. 물 속에 들
어가 있으면 발 밑의 자갈들이 빠져나가서 몸의 균형을 잡
기가 그리 쉽지 않다.

도천리에서 35번국도를 타고 내려오면 청량산(870)이다.
청량산은 산간오지의 산치고는 그리 높은 편은 아니지만
깊은 산이다. 생태적으로는 높은 산보다 깊은 산이 더 건강
하다.

이중환도 『택리지』에서 이렇게 말했다.

태백산맥이 들에 내렸다가 예안에 이르러 우뚝하게 맺혔다. 밖에서 바라보면 다만 흙묏부리 두어 봉우리뿐이지만, 강을 건너 골 안에 들어가면 사면의 절벽들이 모두 만 길이나 높아서 험하고 기이하다.

명호강 광석나루는 다리가 놓이기 전까지는 청량산으로 들어가는 무드리 나루였다. 뿐더러 안동댐이 생기기 전만 해도 이곳까지 배가 오르내렸다고 한다.

청량산은 위도상으로는 중부에 속하지만, 태백산간의 생태계와 연결되어 있어 북방계의 특성을 보여주고 있다. 현재 293종의 식물과 301종의 곤충이 서식하는 것으로 보고되고 있으며, 동물로는 멸종위기에 몰린 톱사슴벌레·애반딧불이·큰꼬마남생이가 서식하고 있다.

명호강 상류는 70년대까지만 해도 냉수성 어종인 열목어가 오르내렸던 곳이다. 이곳은 지구상에서 열목어가 가장 남쪽에 살고 있는 지역이다. 광산개발로 지금은 자취를 감추었지만, 석탄산업이 사양길에 접어들면서 그 옛날의 수질을 되찾아감에 따라 깊은 소로 숨어들었던 열목어들이 머지않아 명호강으로 돌아올 것이다. 그러잖아도 봉화군에서 열목어 치어를 이곳에 풀었다는 소식도 들린다.

명호강 물고기들은 거의가 계류성(谿流性) 어종이다. 위로 올라갈수록 생태가 분명해지는 계류성 어종은 수온과 수질의 변화에 약하다. 물 속의 산소농도가 10ppm 정도는 유지되어야 살아남을 수 있다. 특히 물의 탁도에 약해서 흙탕물만 일으켜도 숨을 몰아쉬며 어쩔 줄을 모른다. 그럴 때면 자기들끼리만 아는 지하수가 솟는 곳으로 숨어든다.

계류성 어류는 거의가 소식주의자들이다. 돼지처럼 게걸스럽게 배를 채우는 3급수 물고기들과는 차원이 다르다. 그래서 고기들이 모두 깨끗하다.

명호강에는 우리 물고기가 많다. 버들치, 쉬리, 꺽지, 돌고기, 쏘가리, 갈겨니, 밀어, 은어, 누치, 자가사리, 기름종개, 피라미, 참마자, 동사리, 돌마자, 모래무지, 중고기, 몰개, 왜몰개, 긴몰개….

버들치는 흔한 고기이지만, 산간계류에서만 사는 1급수 물고기이다. 대개 산속의 맑고 차가운 물에서 우점종을 이루고 있다. 즉 버들치가 사는 곳은 1급수인 셈이다. 서울의 북한산과 관악산에도 버들치가 살고 있다. 이런 곳의 물은 손바닥으로 떠서 그냥 마셔도 되는 청정수이다.

버들치는 입수염이 없고 아래턱이 위턱보다 약간 짧다. 몸은 황갈색이며, 등은 짙은 갈색의 작은 반점이 많이 나 있어서 암갈색을 띤다.

날씬하게 생긴 누치는 물이 맑고 깊은 곳에 산다. 몸은

버들치(왼쪽)와 누치 (오른쪽)

모래무지(위)와 은어(아래)

길고 옆으로 납작한 편이며, 등은 바위색이지만 배는 은백색으로 빛난다. 입가에 보일락말락하게 나 있는 입수염 한 쌍이 특징이다. 모래나 자갈이 깔린 바닥을 헤엄치면서 그곳에 사는 자잘한 동물을 먹고 사는데, 이곳에서는 더러 팔뚝만한 것도 올라온다고 한다.

명호강 모래무지는 덩치가 좋은 편이다. 긴 원통 모양의 몸통은 뒤로 갈수록 가늘어진다. 머리부분이 크고 길며, 주둥이 밑에 말굽 모양의 작은 입이 달려 있는데 입수염도 한 쌍 나 있다. 몸색은 모래색깔과 흡사하고 몸 양쪽에 흑갈색 반점이 각각 여섯 개쯤 있다. 흔히 자갈에 붙거나 모래 속에 몸을 묻고 눈과 코만 내놓고 있어서, 모래무지라는 이름이 붙었다. 산란은 5, 6월경에 하는데, 산란한 알을 모래로 덮는다.

이곳 은어는 몸집이 좀 작은 편이다. 은어는 강과 바다를 드나드는 회유성 어류인데, 안동댐 때문에 바다로 내려가지 못하고 눌러살다 보니 덩치가 작아졌다고 한다. 수박냄새가 나도록 깨끗한 고기이다.

빼어난 자연은 빼어난 인물을 낳고

요즘 들어 명호강에는 외지에서 낚시꾼들이 소리소문도 없이 들어와 설쳐댄다. 물살이 비교적 느린 가장자리에서는 투망을 치고, 물살 빠른 강 가운데서는 견지낚시를 한다. 어디서나 물고기의 멸종은 상류에서부터 시작되게 마련이다. 청량산에 관광객들이 늘어나는 것도 이곳 생태계를 잔뜩 불안케 한다.

청량산의 가을

　청량산의 발목을 적시면서 내려온 명호강은 35번국도와 함께 안동으로 내려간다. 광석나루에서 불과 10킬로미터.

　조선 인물 절반은 영남에 있고, 영남 인물 절반은 안동에 있다는 말이 있다. 또 그 안동 인물 절반은 퇴계 사람들이라고 한다.

　도산마을은 퇴계 이황이 태어나고 잠든 마을이다. 명호강 물줄기가 안동댐을 눈앞에 두고 이 마을을 감아돌고 있다. 스스로 청량산인(淸凉山人)이라 이름지은 퇴계는 제자들과 함께 명호강과 청량산을 자주 소풍을 다니곤 했다. 「청량산록발(淸凉山錄跋)」 51편의 시도 소풍길에서 나온 작품이다.

　박종(朴琮)의 한문기행문 「청량산유록(淸凉山遊錄)」에는 "퇴계는 만년에는 집과 친구들 돌보지 않고 사시장철 청량산 명호강을 찾아다녔다"는 구절이 나온다. 그래서 사람들은 명호강을 영남학파를 길러낸 젖줄이라고까지 한다.

어디 퇴계뿐이랴. 「어부사」의 이현보(李賢輔)도 명호강이 길러낸 인물이다. 그는 강태공이 되어 명호강가에 앉아 이렇게 읊었다.

　　낚싯대 한 끝에 만사를 잊으니
　　정승벼슬을 준대도
　　이 강산과 바꾸지 않으리

영남지방에서 꽃피웠던 규방가사에서도 이곳의 빼어난 경치를 감탄해 마지않는 대목을 심심찮게 본다.

　　이 갓흔 됴흔 경(景)을 흔번 보고 다시 말냐 (淸凉山水歌, 작자미상)
　　… 우리 오날 이제유들 후년 다시 일석에서 이와 같이 즐기릿가. 오날의 즐거움을 일각에 여삼추에 추억으로 남기노라(淸凉山遊覽歌, 작자미상)

붕어와 명호강 도라지밭

하류 쪽으로 내려가면 가끔 붕어, 잉어 같은 3급수 어종
도 올라온다. 3급수 어종이 1~2급수에 나타나는 것은 홍
수에 의한 이동이거나 급작스런 수온변화 때문이다. 하지
만 여러 마리가 관찰될 경우에는 수질이 악화되었다는 증
거이다.

명호강에 3급수 물고기가 가끔 보이는 것은 아무래도 안
동댐 영향 탓일 것이다. 근래 들어 안동호가 부영양화와 적
조현상으로 자주 몸살을 앓는 게 걱정이다.

교통
청량리에서 영동선을 타거나 동서울터미널에서 울진행 버스를 타고 현동에 내려 강
줄기를 따라 내려오면 좋다. 안동에 내려 명호 · 도천리행 버스를 타고 강을 거슬러
올라가도 된다. 산중이라 교통편은 그리 많지 않다. 승용차는 삼가는 것이 좋다.

숙식
산간이라 다소 불편함을 감수해야 한다. 명호강 중류인 도천리에 민박도 겸한 청하
식당(054-672-1385)이 있고, 주인 유한복씨가 토박이라서 명호강에 대해 잘 알고
있다.

기타
함께 돌아볼 문화유산으로는 하류 쪽에 도산서원과 중류 쪽에 청량사, 상류 쪽에 각
화사가 있다.

울릉도 한바퀴

동쪽 먼 심해선(深海線) 밖의
한점 섬 울릉도로 갈거나
금수로 굽이쳐 내리던 장백의 멧부리 방울 튀어
애달픈 국토의 막내
너의 호젓한 모습 되었으리니…

청마 유치환이 노래한 「울릉도」이다. 국토에 대한 사랑이 잔잔하게 깔려 있다.

울릉도는 우리나라 섬 가운데 육지에서 가장 멀리 떨어진 섬이다. 가장 가깝다는 강원도 삼척에서 직선으로 긋는다고 해도 거리가 137킬로나 되는 국토의 막내섬이다.

울릉도는 지금으로부터 2500만 년 전인 신생대 제3기와 제4기에 있었던 화산활동으로 이루어진 큰 화산섬이다. 그러나 바다를 뚫고 솟은 화산섬이 아니라 동해가 육지였을 당시부터 화산이었다고 한다. 덩치는 제주도가 크지만, 나이로는 울릉도가 맏형이다.

섬 한바퀴가 겨우 44킬로인 울릉도는 해안선이 단조롭고 거의가 절벽(해안단구)이다.

　가을이면 울릉도는 오징어철이다. 물 좋은 한치도 부두에 가득하다. 오징어와 한치는 사촌간이지만, 그 생김새는 크게 다르다. 오징어는 다리가 길고 귀가 작으며, 한치는 반대로 다리가 짧고 몸통이 뚱뚱하며 귀가 크다.

울릉도 생태기행의 첫걸음, 죽도

울릉도는 주위에 크고 작은 바위섬들을 많이 거느리고 있으나, 유인도는 죽도밖에 없다.

　죽도는 저동항에서 4킬로미터 떨어진, 해발 72미터의 평평한 섬이다. 깎아지른 절벽이 섬을 빙 두르고 있어서 경사진 계단길이 따로 마련되어 있다. 절벽의 지질은 마치 레미콘의 시멘트 콘크리트처럼 자갈이 박혀 있는 것도 있고, 화산 특유의 구멍이 뽕뽕 뚫린 현무암도 있다.

　가파른 절벽계단을 오르면 대나무군락을 먼저 만난다. 죽도는 예부터 대나무가 많아서 '댓섬'이라고 불렀다. 지금

우리나라에서 가장 오래 된 화산섬 울릉도의 화산석(왼쪽)과 죽도의 명물 대나무(오른쪽)

이곳에는 30여 년 전에 들어와 대밭을 일군 김길철씨 내외
가 농사와 고기잡이를 하며 살고 있다. 농토는 죽도 가운데
약간의 저지대에 마련되어 있는데, 논은 없고 모두가 감자
나 고구마, 옥수수 밭이다.

죽도는 울릉군이 탐방객들을 위해 꽤나 정성을 쏟고 있
는 섬이다. 특히 섬을 일주하는 산책로는 바다로 향한 눈의
즐거움이 예사롭지 않다. 멀리 삼선암과 관음도가 그림처
럼 떠 있다.

일주도로 주변에 해송들이 울타리처럼 둘러쳐져 있고 그
아래로 억새풀과 수크령, 섬바디, 참나리, 갯메꽃, 해당화
가 보인다.

해당화는 '매괴(梅槐)' '해당나무'라고도 부르는데, 바닷
가 모래땅에 자생하며 줄기에 가시가 나 있다. 잎은 타원형

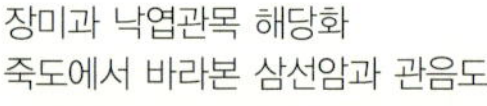

장미과 낙엽관목 해당화
죽도에서 바라본 삼선암과 관음도

이며 5~7월에 홍자색 꽃이 피고 8월에 열매가 익는다.

산과 들 양지바른 풀밭에서 자라는 참나리는 꽃잎 안쪽에 짙은 자주색 호랑무늬 모양의 큰 반점이 있고, 다른 나리보다 키가 크다. 꽃잎보다 검은 자줏빛을 띠는 줄기는 어릴 때 보면 하얀 털이 보송보송 나 있다. 촘촘히 어긋나서 달리는 잎과 줄기 겨드랑이에 검은 콩 같은 주아(珠芽)가 열린다.

울릉도의 참나리나 섬말나리는 외국으로 유출되어 여러 종자회사의 신품종 개발에 이용되고 있다. 향과 색이 가장 중요한 포인트로 작용하는 백합 육종에서 한국산 나리들은 주로 색깔을 내는 재료로 쓰인다. "신이 창조한 것보다 더 아름다운 백합을 만들어냈다"는 네덜란드 백합육종사에서 한국산 나리들은 훨씬 더 아름답고 다양한 빛깔을 만들어내는 데 중요한 몫을 하고 있다.

그러나 이제 더 이상 우리는 한국산 나리에 대한 권리를 주장할 수 없다. 특허권으로 독점을 부여받았기 때문이다. 특허권의 심사과정에서는 오로지 신품종이냐 아니냐만 중요할 뿐, 육종재료로 쓰인 원종은 전혀 보호받지 못한다. 매우 안타까운 일이 아닐 수 없다. 이제라도 우리의 소중한 재산인 생물종 다양성을 보호하기 위해 노력을 기울여야 할 것이다.

바다가 아스라이 내려다보이는 현무암 절벽 틈새에 죽도의 상징인 해국과 왕해국이 뿌리를 박고 있다. 해국은 향기가 아름다운 가을꽃으로, 섬이나 바닷가 모래땅과 바위틈에 자생한다.

백합과 다년생 초본인 참나리꽃(위)은 7~8월에 화사하게 핀다. 국화과 여러해살이풀 해국(아래)은 가을에 꽃이 피고 나면 열매가 익는다.

죽도의 사철나무. 키가 약 50센티인 사데풀(아래)은 국화과 여러해살이풀이며 가을에 노란 꽃이 핀다.

해국과 비슷한 왕해국은 해국보다 잎이 크고 넓으며, 잎 위쪽에 불규칙한 톱니가 나 있어서 쉽게 구분할 수 있다. 해국은 흰색에 가까운 분홍색이지만, 왕해국은 보라색에 가깝다. 해국의 줄기는 비스듬히 자라 아랫부분에서 여러 갈래로 갈라지며, 주걱 모양의 긴 잎은 어긋나고, 양면에 부드러운 털이 있다.

죽도에는 천연기념물이 두 종류 있다. 후박나무와 동백나무가 바로 그들이다. 해풍에 시달린 탓일까, 울릉도 후박은 육지의 것보다 잎이 좀 작아 보인다. 사철나무도 이웃사촌이 되어 어울려 있다.

밭둑과 초지 사이에 듬성듬성 사데풀, 괭이밥, 구절초, 기름나물, 여뀌를 비롯하여 귀화식물인 달맞이꽃과 망초가 보인다. 곤충 몇 종류도 밭둑을 뛰어다니며 한가한 가을 오후를 보내고 있다. 베짱이며 귀뚜라미도 보인다.

주로 바닷가 양지쪽에서 자라는 사데풀은 가을에 노란 꽃을 피우며 줄기에 촘촘하게 나는 잎은 끝이 뭉툭하고 긴 타원 모양이다. 꽃이 피면 곧 열매가 익는다.

역시 여러해살이풀인 괭이밥은 야산 기슭이나 초지, 논둑과 밭둑 가장자리에서 흔히 볼 수 있다. 풀잎을 씹으면 신맛이 난다고 해서 시금초라고도 한다. 햇볕이 없으면 오므라드는 잎은 어긋나고 긴 잎자루 끝에 작은 잎이 세 개 달린다. 봄과 여름에 노란 꽃을 피우고 가을에 씨앗이 여문다.

울릉도 자연과 문화의 진면목을 찾아

울릉도 일주도로는 현재 군데군데 공사가 진행중이어서 다

소 불편하기는 하지만, 섬의 자연과 문화의 진수를 보려면
도동-사동-남양-퉁구미-태하리-현포-천부-나리분지-
성인봉-도동 코스가 가장 무난하다. 절반은 자동차를 이
용하고 절반은 등산이다.

사동은 흑비둘기 서식지로 널리 알려진 곳이다. 천연기
념물 제215호로 지정된 흑비둘기는 후박나무와 동백나무
숲에 주로 서식하는데, 여름철새로 알려져 있다.

울릉도의 새는 종이 그리 다양한 편은 못 된다. 괭이갈매
기·알락도요·좀도요 같은 바닷새와 흑비둘기·슴새·큰
오색딱따구리 등의 숲새들이 있다. 이 가운데 슴새는 울릉
도와 제주도에만 찾아드는 여름철새이다.

주민들의 이야기로는, 얼마 전까지만 해도 백로와 왜가
리가 날아왔다고 한다. 그러나 지금은 자취를 감추었다. 아
마도 먹이부족 때문이 아닌가 싶다. 예전에는 그들의 먹이
인 개구리나 올챙이가 많이 서식했으나, 지금은 모두 멸종
되어 버렸다.

사동에서 퉁구미에 이르는 해안은 절벽이다. 이 절벽의
지질은 거의가 조면암(粗面岩) 혹은 안산암, 현무암으로
구성되어 있다. 그 절벽에 향나무들이 아슬아슬한 자세로
뿌리박고 있다. 울릉도 관광상품 가게에 즐비한 향나무 제
품들도 모두 이곳에서 채취한 향나무로 만든 것이다.

낚시꾼 한 무리가 바닷가에 낚시를 드리우고 있다. 올라
오는 것은 거의 돔과 놀래기 종류이다. 자리돔, 파랑돔, 돌
돔, 용치놀래기, 황놀래기 등 모두가 난류성 어종이다. 개
중에서도 낚시꾼들이 좋아하는 것은 자리돔이다.

울릉도의 관문 도동항. 도동에서 출발하여 사
동-남양-퉁구미-태하리-현포-천부-나리분
지-성인봉을 거쳐서 다시 도동으로 오면 울
릉도의 진수를 다 맛볼 수 있다.

자리돔은 색깔이 검고 크기가 손바닥만한, 붕어처럼 생긴 고기이다. 낚시로도 잡지만 그물로 잡기도 한다. 자리돔은 제주도에서는 횟감으로 유명하다.

보고서에 따르면 울릉도 연안에는 40여 종의 바닷고기가 서식하고 있다고 한다. 울릉도는 한류와 난류가 합류하는 곳이므로 어종들도 거기에 따른다.

비슬산은 남양의 진산이다. 이 산은 제주도 지삿개의 주상절리처럼 일부가 내려앉아 절벽이 된 산이다. 울릉도에는 이러한 지역이 몇 군데 남아 있다. 이곳 사람들은 마치 국숫가락처럼 생겼다고 해서 국수산이라고 부른다.

길은 남양을 지나 울릉도에서 가장 높고 험한 태하령 고개를 넘어간다. 태하령 주변의 숲은 울릉도의 대표적인 원시림이다. 요즘은 태하령 고갯길 확장공사가 한창이어서 나무들이 수난을 겪고 있지만, 울릉도 고유 수종인 솔송나

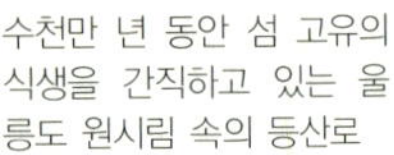
수천만 년 동안 섬 고유의 식생을 간직하고 있는 울릉도 원시림 속의 등산로

무, 너도밤나무, 섬잣나무가 자생하고 있다.

울릉도는 수천만 년 동안 뭍과 떨어져 있어서 고유한 식생을 그대로 간직하고 있다. 이곳의 고유 식물 또는 특산 식물은 무려 31종이나 된다고 하는데, 이 같은 고유성은 식물들의 이름에서도 잘 나타난다. 섬잣나무, 섬버들, 섬바디, 섬피나무, 섬쥐똥나무, 섬양지꽃, 섬괴불나무, 섬쥐손이, 섬국수나무 등 '섬' 자가 붙은 식물이 많다.

솔송나무는 추운 지방에서 자라는 침엽수로, 육지에서는 좀처럼 보기 어려운 희귀종이다. 마치 소나무처럼 생긴 솔송은 주로 인적이 끊어진 척박한 곳에서 자란다. 너도밤나무 같은 참나무 세력에 쫓겨 태하령 위쪽 암반지대에서 많이 볼 수 있다.

태하리 마을 가운데로 태하천이 흐르고 있다. 망망대해의 고도이지만 울릉도에도 성인봉에서 발원하는 몇 줄기 개울이 바다로 흘러들고 있다. 태하천은 그 가운데 가장 길고 수량이 많은 대표적인 하천인데, 바다와 육지를 오가는 은어를 비롯하여 송사리·미꾸리·밀어 같은 민물고기 몇 종류가 살고 있다.

은어는 바다와 민물을 오가는 회유성 어종인 만큼 민물에 와서 알을 낳는다. 그러나 수량이 줄어든데다 파도에 밀려온 자갈들이 하구에 둔덕을 이루고 있어서 시내를 거슬러 올라오지 못하고 있다.

송사리와 미꾸리는 울릉군청이 섬 어린이들을 위해 지난 1984년에 육지에서 갖고 와 풀어놓았다고 한다. 동화 같은 이야기이지만, 이곳 자연생태의 고유성을 보전한다는 점에

난대수종인 무화과는 잎이 3~5개로 갈라져
있고 잎사귀를 자르면 희뿌연 젖이 나온다.
늦봄에 피는 꽃은 단성화(單性花)이다.

서는 그리 갈채 받을 일은 아니다. 왜냐하면 그들도 육지에
서 건너온 외래종이기 때문이다.

원래 호수였던 동해의 생물학적 흔적이랄 수 있는 밀어
는 바닷물에 살다가 민물에 적응하게 된 고기로 알려지고
있다. 그러나 멸종되었는지 찾아보기 어렵다.

거기서 작은 고개를 넘으면 현포동 포구로 이어진다.
'현포(玄圃)'는 '검은 흙밭'이라는 뜻이다. 즉 현무암이 풍
화작용으로 흙이 되어 밭을 이룬 동네라는 것이다.

바닷가 마을 곳곳에 무화과가 탐스럽게 서 있다. 무화과
는 가지를 꺾어 아무렇게나 심어놓아도 번식이 잘되는 너
그러운 나무다.

꽃이 없이 열매가 달린다고 해서 무화과(無花果)라는 이
름이 붙었지만, 사실 겉으로 보이지만 않을 뿐 늦봄에 둥근
알 모양의 꽃주머니(花囊) 속에서 암·수꽃이 핀다. 가을에
맺는 짙은 보랏빛 열매가 무척 탐스럽다.

바다는 섬마을의 앞마당이다. 그 마당에서 해녀들이 자
무질을 하고 있다. 잠수질을 이곳에서는 자무질이라고 한
다. '잠수＋물＋질'의 합성어가 아닌가 싶다. 해녀들은 주
로 해삼, 멍게, 성게, 전복, 소라 따위를 건져올린다.

그러나 섬마을 앞마당도 최근 들어 백화현상이 심각해지
고 있어서 걱정이다. 석회질 성분의 산호가 마치 시멘트처
럼 물 속의 바위를 덮어씌우는 현상을 백화현상이라고 하
는데, 이로 인해 수초나 패류가 바위에 부착을 하지 못해
바닷속이 사막처럼 되어버린다. 물이 아무리 맑아도 사막
으로 변해 버린 곳은 고기들이 모이지 않아 결국 그 지역의

먹이사슬이 산산조각 나고 만다.

현포동 바다는 크고 작은 현무암 바위들이 섬처럼 떠 있다. 그 바위들을 바라보고 있노라면, 어느 외국의 다큐멘터리처럼 바닷속에서 포유류 한 무리가 올라와서 볕을 쬐고 있는 그림이 환상처럼 떠오른다. 지금은 사할린 쪽으로 이동해 버렸지만, 일제 때까지만 해도 울릉도 연안의 섬에는 바다사자와 같은 바다포유류가 서식하고 있었다고 한다. 몇 년에 한 번씩 정도이지만, 가끔 울릉도와 독도를 무대로 한 바다사자 사진들이 매스컴을 타면 괜스레 가슴이 뛰곤 한다.

현포 바닷가를 끼고 가면 천부리이다. 바닷가 바위에 괭이갈매기가 떼지어 낮잠을 즐기고 있다. 새벽에 나간 배들을 기다리며 졸고 있는 것이다. 저녁 무렵 배가 들어오면 선창가로 몰려가 배에서 떨어진 고기들을 정신없이 사냥한다. 이놈들도 사람들을 닮아서 불로소득에 익숙해져 있다. 포구의 갈매기들이 다 그렇긴 하지만.

천부리를 지나면 오른쪽 절벽 위에 수력발전소가 있다. 같은 화산섬이라도 울릉도는 제주도와 달리 물이 많다. 울울창창한 원시림 덕분이기도 하지만, 전국 제일을 자랑하는 강수량 덕분에 섬사람들은 물 걱정 없이 살고 있다.

악어 모양의 악어굴과 그림 같은 삼선암을 지나면 섬목이 나온다. 들국화가 아름다운 바닷길 끝은 섬목이다. 건너편에 떠 있는 죽도 역시 한 폭 그림이다. 목장 하나를 떼어다가 바다 위에 띄워놓은 듯하다.

원시림이 살아 있는 섬

잠시 숨을 돌리고는 나리분지(羅里盆地)로 향한다. 나리분지는 거기서 천부리로 되돌아가서 들어가는데, 천부리에서 자동차로 10분 거리이다.

나리분지는 섬의 북쪽 경사면에 있는, 성인봉의 칼데라 화구가 함몰하여 생긴 분지평야이다. 넓이가 무려 60만 평이나 된다. 동남쪽과 서남쪽은 높이 500미터 안팎의 절벽으로 둘러싸여 있고 북쪽은 성인봉에서 내려온 산지로 막혀 있는데, 울릉도에서 유일한 평야이다. 화구에는 2차로 분출되어 만들어진 알봉이 이중화산을 이루고 있다.

1977년까지만 해도 나리분지에는 24가구가 살았으나 그 후 점점 줄어들어 지금은 16가구만 남아 있다.

그 유명한 울릉도 투막집이 나리분지 가운데 자리잡고 있다. 투막집은 둥근 통나무를 우물 정(井) 자로 쌓아올려서 벽을 만든 울릉도 전통가옥이다. 고래솔, 마고마, 솔송나무, 너도밤나무 등을 벽의 재료로 썼다고 한다. 물론 나리분지 주변에서 쉽게 구할 수 있는 나무들이다. 그리고 지붕은 적송으로 만든 너와를 얹거나 새(때〔茅〕)를 입힌다.

새는 갈대나 억새같이 생긴 풀인데 시누대처럼 대궁이 굵고 단단하다. 나리분지에서는 논농사도 조금씩 짓는지라 옛날에는 볏짚을 이용한 초가도 있었다. 또 이곳에

울릉도 전통가옥 투막집. 둥근 통나무를 우물 정(井) 자로 쌓아올려 벽을 만들고, 적송 너와나 새를 입힌 지붕을 얹는다.

너와지붕이 보이는 것은 이곳 사람들 대개가 강원도 산간
지방 출신인데다가 울창한 원시림에서 너와의 재료를 쉽게
구할 수 있었기 때문이다.

투막집 마당 나뭇가지에 추수한 옥수수가 탐스럽게 매달
려 있다. 나리분지의 경작지는 거의가 밭이어서 대개 천궁,
감자, 옥수수, 약초 들을 심는다. 봄이면 주위의 산에서 산
마늘, 미역취, 전호나물, 참고비, 참나물, 모시나물, 부지깽
이나물, 땅두릅 등의 산나물도 많이 나온다.

특히 울릉도에서만 나는 산마늘은 어렵던 시절 울릉도
사람들의 주린 배를 채워주던 구황식물이었다. 이곳 사람
들에게는 '맹이'라는 이름이 더 익숙하다. 이른봄에 흰 꽃
이 피는 산마늘을 울릉도에서는 김치처럼 담가먹거나 삶아
서 초고추장을 찍어먹는데, 최근 항암성분이 들어 있다 하
여 여기저기 많이 팔려나간다. 어릴 때 바다를 건너온 산마
늘을 즐겨 먹었던 기억이 있다. 포항사람들은 산마늘을 '울
릉도나물'이라고 부른다.

울릉군은 울릉도 내 유일한 평지인 이곳에다 스키장과
골프장을 만들 계획을 세운 적이 있었다. 또 도동의 봉래폭
포 주변에는 놀이동산을 세운다고 한다. 그런 천부당만부
당한 음모가 어찌 관리들 머릿속에서 나올 수 있었는지, 한
심하고도 통탄스런 일이다.

이제 성인봉으로 간다.

알봉휴게소 가는 길목 왼쪽으로 칠지송(七枝松)이 서 있
다. 칠지송은 이름 그대로 밑둥치에서부터 일곱 개의 줄기
가 팽이버섯처럼 갈라진 곰솔[海松]이다. 오솔길 같은 이

성인봉을 오르는 길을 벗해 주는 섬백리향.
울릉국화와 함께 나리분지에 자생하는 특산종
이다.

길은 산책하기에 딱 그만이다. 울릉국화와 섬백리향 군락
도 길벗을 해주고 있다.

도동 뒷산으로 해서 성인봉 등정을 마친 등산객들이 알봉
으로 내려오고 있다. 알봉휴게소에는 유명한 신령약수가 있
다. 흙이 다르면 물이 다르고 물이 다르면 사람이 다르다고
했는데, 이곳의 신령약수는 후덕한 나리분지 사람을 만들었
고 도동약수는 눈치 빠른 도동사람을 만들었다고 한다.

신령약수터는 성인봉 등반로의 로터리 같은 곳이다. 성
인봉을 올라가는 사람이나 내려오는 사람 모두가 쉬어간
다. 마치 사막의 오아시스 같은 곳이다.

물맛 좋은 약수 한 사발을 들이켜고 여태껏 타고 온 자동
차를 버리고 성인봉 등정에 오른다. 울릉도의 주봉인 성인
봉은 해발 984미터이다. 미륵산, 형제봉, 초봉, 관모봉, 알
봉 등의 높은 봉우리를 손아래형제로 두고 있다.

등산로에 들어서자 제일 먼저 응달진 숲속의 고사리군락
이 반겨준다. 공작날개같이 생겨 공작고사리라고 한다. 이
곳과 제주도말고는 강원도 일부 산간에서나 볼 수 있는 고

보기만 해도 탐스러운 고사리군락과 등산객
발길에 차여 허옇게 속살을 드러낸 나무뿌리
들

사리이다. 토양이 비옥해서인지 육지의 것보다 크고 탐스
럽도록 싱싱하다.

성인봉까지는 잰걸음으로 한 시간 반 가량 걸린다고 하
지만, 이것저것 보고 가면 두 시간은 족히 잡아야 하는 코
스다. 그리고 매우 가파르다. 그래서인지 등산객들의 발길
에 차인 나무뿌리들이 허옇게 속살을 드러내고 있어 보기
에도 안타깝다. 어떤 나무는 금방 쓰러질 듯이 서 있고 또
어떤 것은 그대로 말라 죽어가고 있다.

정상을 오르다 보면 계곡과 경사면은 자연 그대로의 원
시림을 드러낸다. 묘목 같은 어린 나무와 생명을 다한 고사
목이 자연스럽게 어우러져 있다. 원시림이라는 이름에 걸
맞게 식생도 비교적 건강하고 종들도 다양하다.

초본류로는 바위수국과 울릉국화 · 섬초롱 · 큰두루미
꽃 · 왕호장근 · 섬자리공 · 섬백리향 · 천남성 등이 보이고,
목본류로는 섬잣나무 · 솔송나무 · 섬피나무 · 후박나무 ·
섬개야광나무 · 섬댕강나무 등이 눈에 띈다.

아무래도 이곳의 터줏대감은 너도밤나무일 것이다. 너도
밤나무는 비교적 토양이 두텁고 습기 찬 골짜기에서 많이
볼 수 있는 울릉도 특산종이다. 이 나무의 열매 모양은 밤
과 도토리 중간 형태이다. 그래서 육지의 밤나무가 "너도
밤나무냐?" 했다고 해서 그런 이름이 붙었다고 한다.

그런데 이곳의 너도밤나무는 모두가 활처럼 휘었다. 마
치 배추포기처럼 밑동에서부터 휘어져 자라는 것은 울릉도
의 엄청난 강설량 때문이라고 한다. 눈이 겨우내 녹지 않고
쌓여 나무줄기를 내리누르다 보니 자연히 줄기가 휜 것이

성인봉 원시림 속의 천남성

고사목에 달라붙어 진을 빨고 있는 사슴벌레
(위)와 섬피나무 고사목(아래)

다. 휘어진 줄기는 위로 올라가면서 다시 곧추선다. 햇빛을 받기 위함이다.

너도밤나무는 그 옛날 울릉도 사람들의 겨울을 따뜻하게 해준 땔감이었다. 그러나 지금은 별로 쓸모가 없어서 성인봉 등산로 계단의 받침나무로나 쓰일 따름이다.

그리고 바위수국이 있다. '수구상첩지풍' 또는 '첩지풍'이라고도 부르는데, 줄기에서 기근(氣根, 공기뿌리)이 나와서 바위나 나무를 타고 오르는 덩굴성 나무이다. 날카로운 톱니가 난 잎은 마주 나며, 잎처럼 생긴 하얀 중성화(中性花)가 한 개의 꽃받침으로 된 것이 특징이다. 10월에 열매가 익으며 이곳말고도 제주도에서도 발견된다.

고추냉이는 울릉도 특산종이지만 멸종위기에 있다. 경기도 한택식물원에서 증식되어 다시 울릉도로 옮겨심은 보호식물이다.

두 갈래의 좁은 등산로가 만나는 곳에 덩치 좋은 섬피나무 고사목 한 그루가 서 있다. 섬피나무치고는 우람해서 마치 뭍의 당나무 같은 인상을 풍긴다. 아랫부분에 한 사람이 들어갈 정도로 큰 구멍이 나 있다.

고사목 주위에서 사슴벌레를 발견했다. 딱정벌레목에 속하는 사슴벌레는 참나무류의 진을 즐겨 빨아먹는다. 대개는 등껍질이 단단하고 윤기가 나는 것이 많다.

원시림으로 둘러싸여 있지만, 울릉도에서는 야생 포유류를 볼 수 없다. 숲의 원시성을 보면 하다못해 토끼며 노루 같은 것들은 있을 법도 한데, 고작해야 들쥐뿐이다. 그것도 사람과 함께 몰래 배를 타고 뭍에서 건너온 것이다.

그러나 옛 문헌에 "아주 큰 고양이와 쥐가 있어서 사람을 보고 피할 줄을 몰랐다"는 기록이 있어서 호기심을 일으킨다. '아주 큰 고양이'란 분명 육식 포유동물이 분명할 텐데…. 이윽고 성인봉!

성인봉은 글자 그대로 정상에다 묘를 쓰면 집안에 도인이 나오거나 부자가 된다는 옛 속설이 있었고, 이에 따라 많은 이들이 몰래 묘를 쓰곤 했다. 그러나 혼자만 잘살겠다는 사리사욕을 보고 하늘이 진노하여 오래도록 비를 주지 않았다고 한다.

그래서 울릉도 사람들은 가뭄이 계속되면 성인봉으로 올라가 꼭대기를 파헤치는 풍속이 있다. 아주 오랜 옛날 가뭄이 계속되어 하늘에 기우제를 올리고 꼭대기를 파보았더니 몰래 묻은 시신이 나왔다. 그 시신을 없애자 곧 비가 내렸다고 한다. 이런 전설은 동해 어디서나 흔히 들을 수 있다.

성인봉 표석이 몇 개의 덩치 큰 바위들을 부하로 거느리고 한가운데 우뚝 서 있다. 그 주위에 나무의자들을 마련해 놓은 쉼터가 있다. 그곳에 앉아 한숨 돌리며 주위를 돌아보면 섬단풍과 마가목이 눈에 들어온다.

섬단풍은 손가락 잎사귀가 11~13개로 육지의 당단풍보다 5개 가량 많다. 그리고 잎사귀가 포동포동 살[葉身]이 올라 있는데, 눈과 바람이 많은 이곳의 기후 탓일 것이다.

잎의 가장자리가 톱니 모양으로 갈라져 있는 마가목은 울릉도 어디에서나 볼 수 있는 대표 수종이다. 마침 빨간 열매가 맺혀 있어서 탐방객들의 발길을 멈추게 한다. 바로 그 빨간 열매 때문에 육지의 팥배나무와 혼동할 때가 있다.

하찮은 강아지풀도 군락을 이루면 장관이다.

이제 하산이다. 하산은 봉래폭포 쪽이다. 하산길에 멋진 강아지풀 군락을 보았다. 하찮은 강아지풀도 군락을 이루고 있으면 저리도 장관이다. 얼마나 무성하게 자랐는지 키들이 허리까지 찬다.

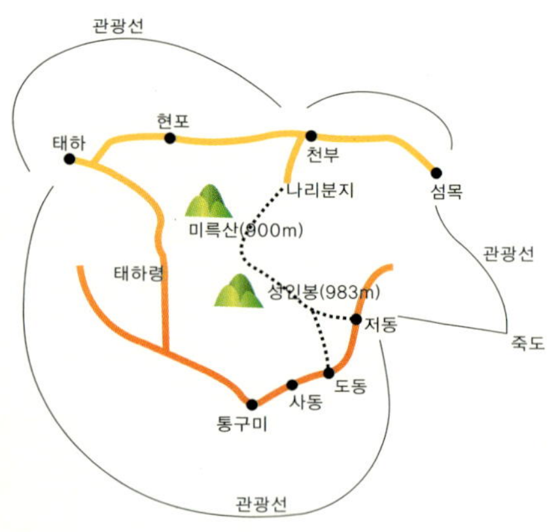

교통

포항과 속초에서 카페리(054-791-4811~3)가 매일 뜬다. 먼저 도선(791-0123)을 타고 건너가 죽도를 탐방하고 영업용 지프를 이용하여 도동-사동-남양-통구미-태하-현포-천부-나리분지까지 탐방한 다음 성인봉을 등정하면 섬의 자연과 문화를 골고루 접할 수 있다. 울릉군에서 탐방객들에게 자전거를 대여해 준다면 여러모로 좋을 것이다.

숙식

도동에 여관이 여럿 있다. 군청 담당자(790-6061/791-0333)에게 문의하면 추천해 준다.

기타

9월이면 우산문화제가 열린다.

전설 속에 묻힌
경주의 숲

선덕여왕이 왕위에 오른 지 5년째 되던 어느 겨울날이었다. 신하가 와서 여근곡 옥문지의 개구리들이 벌써 여러 날째 울고 있다고 아뢰었다. 다음날 여왕은 정병 2천 명을 보내 여근곡에 숨어 있는 백제군 500명을 포위해 무찔렀다. 훗날 신하들이 그때의 일을 묻자, 여왕은 이렇게 술회하였다.

개구리는 병사를 의미하고, 때아닌 겨울에 운 것은 전쟁을 의미하는 것이다. 그리고 여자의 성기를 가리키는 옥문은 서방을 상징하므로, 서라벌 서쪽에 적병들이 숨어 있을 것을 예견하고 군사를 일으켰다. 또 남자가 여자의 성기 안에 들어가면 반드시 죽게 되므로 적을 쉽게 이길 수 있었다.

『삼국유사』에 나오는, 선덕여왕의 세 가지 지혜 이야기 가운데 하나이다.
경부고속도로 하행선을 타고 가다가 경주터널을 지나자마자 오른쪽 차창 밖으로 보이는 숲이 여근곡 숲이다.

　이번 기행은 우리의 옛 숲이 남아 있는 신라의 고도 경주
로 떠난다. 경주 생태기행은 문화유산 답사와 함께하는 즐
거움이 있다.

신라 1번지 계림

경주기행 첫걸음은 계림(鷄林)이다. 계림은 가까이에 대릉
원과 첨성대를 거느리고 있는 신라 1번지이다. '고스란히'
는 아니더라도 신라의 옛 숲을 짐작해 볼 수 있는 좋은 숲
이다. 또 주위에 주인공이 밝혀지지 않은 덩치 좋은 고분이

이국적인 분위기로 외래종으로 오인되곤 하지만 먼 옛날부터 이 땅을 지켜온 메타세쿼이아

다섯 기나 자리하고 있다. 그래서 신라 김씨왕조
의 태실지인 계림에 오면 탄생과 죽음이 서로 이
웃해 있어서 묘한 분위기가 느껴진다.

　계림 들머리에 메타세쿼이아 한 그루가 서 있
다. 공룡이 설치던 시대부터 은행나무와 함께 인
류시대까지 버텨온 역사 깊은 화석나무이다. 이
국적인 분위기 때문에 흔히 외래종으로 오인되지
만, 먼 옛날 우리나라를 비롯해 중국과 일본에도
살고 있던 나무라고 한다.

　계림은 거의가 느티나무, 왕버들, 물푸레나무,
싸리나무 같은 활엽수의 고목으로 이루어져 있다.
뒤쪽으로는 노송숲이 있지만, 관심을 크게 끌지
는 못하고 있다. 그리고 계림에 와서는 그런 나무
이름 알기 따위는 별로 의미가 없다.

　가끔 식물학자들을 따라다니며 나무이름을 부
지런히 머릿속에 입력해 두지만, 집에 돌아오면

늘 허전하다. 그것은 숲을 통찰력으로 관조하지 않고 분석
과 실용이라는 서구의 눈으로 낱낱이 헤쳐서 보기 때문이
다. 숲이 갖는 영성이나 역사성은 분류나 생태에 앞서는 가
치이다.

계림은 전설의 숲이다. 『삼국유사』에 따르면, 탈해왕이
밤에 닭 우는 소리를 듣고 숲에 가보았더니 숲속에 금궤가
있었고, 그 금궤 안에는 사내아이가 잠들어 있었다. 왕은
아이가 금궤 속에서 나왔다 하여 성을 김씨, 이름을 알지
(閼智)라 짓고 궁궐에서 키웠다. 또 닭이 운 숲이라 하여
계림이라 이름하였고, 나중에는 나라이름까지 계림이라 고
쳐 불렀다.

시림(始林)이었던 숲이름을 계림으로 바꾼 데는 울음소
리로 세상을 깨우는 닭의 이미지가 크게 작용했을 것이다.
이육사도 「광야」에서 '닭우는 소리'로 태초의 이미지를 드

사적 제19호 계림. 탄생과 죽음이 서로 이웃
해 있는 천년 신라의 숲

러내고 있다.

그러나 이 전설에서 닭은 왕에게 신인(神人)의 탄생을 알리는 통보관 역할만 했을 뿐, 정작 신인을 탄생시킨 것은 숲이 가진 생령(生靈)이었다. 시조 박혁거세가 탄생한 곳도 나정이 있는 숲속이다.

나무는 기(氣)와 힘〔力〕과 밝음〔光明〕을 상징하는 생령의 존재다. 나무의 아들로 태어난 소년이 홍수 때 아버지 나무를 타고 가다가 동물들을 구해 준 공덕으로 좋은 여자를 만나 결혼하여 인간의 시조가 되었다는 우리의 나무도령 신화도 나무의 생령성을 잘 보여준다.

계림 안에 닭을 키우고 있어서 이따금 숲속에서 닭 우는 소리가 낭랑하다. 시골의 낮닭 소리와 그 느낌이 사뭇 다른 것도 그 울음 속에 역사가 깃들여 있기 때문일 것이다.

경주는 내산과 외산이 둘러싸고 있는 분지이다. 명활산 · 낭산 · 남산 · 송화산 · 선도산 · 금강산은 내산을 이루

계림의 왕버들

고, 토함산 · 관문산 · 고위산 · 단석산은 외산을 이루고 있다. 시내에서 불국사로 빠지다 보면 멀리 남산이 보인다.

남산은 신라가 불국토사상을 펼친 곳으로, 경주 불교유적의 절반을 품고 있는 성지이다. 최근 뜻 있는 이들이 남산을 통째로 세계의 문화유산으로 추천하고 있어서 그 귀추가 주목되고 있다. 그러나 식생은 인간의 간섭을 받아서 눈에 띄는 특징이 별로 없다.

신들이 노닐던 낭산의 신유림

남산을 비켜서 불국사로 가다 보면 왼쪽으로 낭산이 길게 누워 있다. 경주 오악의 중심에 있는 낭산은 신유림(神遊林)을 모시고 있는 경주의 진산이다. 불국토사상에 따르면, 신유림은 석가모니 이전 과거 칠불이 주석하던 칠가람지(七處伽藍址)라고 한다. 별로 눈에 띄지 않는 야산이지만, 보문단지가 있는 보문동, 분황사와 황룡사가 있는 구황동, 사천왕사가 있는 배반동 등 3개 마을을 거느리고 있는 오지랖 넓은 내산이다.

사천왕사 절터는 그 낭산 자락에 앉아 있다. 신라는 이 절을 짓고 난 후 당나라 잔당과 맞붙어 18전 전승으로 그들을 몰아냈다. 그러나 지금 사천왕사터는 주춧돌만 남기고 풀밭 속에 묻혀 있다. 이 절터에는 이른봄부터 늦가을까지 영일없이 풀꽃이 피고 진다. 그 풀밭에서 보면 산 위에서부터 탐스러운 낭산의 솔밭이 이만큼 내려와 있다.

철도 건널목을 건너면 곧바로 낭산의 신유림이 이어지는데, 선덕여왕의 능이 이 신유림에 묻히게 된 사연은 상당히

신유림의 안강형 소나무들. 마치 하강한 신들이
술 한잔 걸치고 춤을 추는 듯한 모습이다.

드라마틱하다. 여왕은 죽으면서 자신을 사천왕이 지키는
수미산 꼭대기(도리천)에 묻어달라고 유언했다. 신하들이
도리천이 어디인 줄 몰라 묻자, "낭산 기슭에 있다"고 알려
주었다. 그리고 30여 년이 지나 왕릉 발 아래 사천왕사가
창건되면서 여왕의 능은 자연 도리천이 된 것이다.

신들이 노닌다는 신유림의 소나무는 일반 소나무와 그
생김새가 좀 다르다. 학자들은 이 소나무를 안강형 소나무
라고 부른다. 경주를 중심으로 영천, 포항, 영덕, 울산 등지
의 내륙에서 흔하게 관찰되는 이 소나무는 키가 그다지 크
지 않고 구불구불 제멋대로 생긴 것이 특징이다. 그래서 목
재로서는 가치가 좀 떨어진다. 이를 두고 일부 임학자들은
신라가 많은 절과 집을 짓느라고 잘생긴 소나무만 베어다
쓴 탓에 열등생 소나무만 남게 되었다고 주장한다.

어쨌거나 지금 신유림에 남아 있는 안강형 소나무들의
생김새는 마치 신들이 지상에 내려와 한잔 거나하게 취해
춤을 추는 듯한 모습이다. 키가 작은 것은 작은 대로 마치

불국사를 더욱 돋보이게 하는 노송

어린 화랑들이 태견을 하는 몸짓처럼 느껴지기도 한다.

선덕여왕릉을 둘러싼 소나무들은 절을 하듯이 능을 향해 안쪽으로 구부러져 있다. 선덕을 지켜준 신하들의 영혼인 듯싶다. 생태적으로는, 주위의 소나무들이 햇볕을 더 많이 받기 위해 고개를 내민 것이다.

다보탑 상륜부와 뒷산 노송숲이 만드는 스카이라인

이제 불국사로 간다. 사천왕사 앞에서 10분도 안 되는 거리에 있다.

전나무와 히말라야삼나무가 듬성듬성한 일주문을 들어서면 좌우로 커다란 연못이 있다. 토함산 계곡물을 가두어 만든 것이다. 좀더 위쪽에 자리한 연못은 갈수기라 물빠짐이 좋지 않아 해캄들이 둥둥 떠 있다. 수질의 부영양화에서 생기는 해캄은 적당하면 좋지만 너무 많으면 적신호이다.

거기서 천왕문에 이르는 구간에는 배롱나무, 단풍나무, 모과나무, 매화, 등나무, 향나무, 사철나무, 회양목, 동백,

벗나무, 반송이 보이고 어치와 박새가 숲속을 들락거리지만 눈맛을 도와주지는 못한다. 서양잔디를 심고 거기다가 어느 시냇가에서 실어온 듯한 냇돌로 일본 정원처럼 꾸며놓은 어설픈 조경 때문이다. 불국사의 문화유산은 국제급이지만, 조경은 그에 훨씬 못 미치는 것이 아쉽다. 문화유산 복원에만 열을 올릴 것이 아니라 이제는 자연생태 복원도 생각할 때이다.

청운교와 백운교 앞 너른 뜰에는 노송과 느티나무들이 그림 좋게 숲을 만들고 있다. 불국사를 더욱 돋보이게 하는 나무들이다. 연화교 아래는 키 작은 오죽(烏竹)과 연산홍이 앙증맞게 자라고 있다.

범영루와 백운교 사이의 석축에 돌로 만든 홈통이 나와 있다. 절 안에서 나오는 빗물이 빠지는 물길이다. 그 아래는 물이 떨어질 때 땅이 패지 않도록 큼지막한 돌을 가운데 놓고, 주위에 자갈을 깔았다. 말하자면 찌꺼기를 걸러내는 필터 같은 것이다. 이런 필터 역할을 하는 물받이는 경내 곳곳에서 볼 수 있다.

돌로 된 홈통과 그 아래 필터 역할을 하는 물받이. 불국사 경내 곳곳에서 볼 수 있다.

거기서 경내로 올라가는 길 옆에 약수가 둘 있다. 산에서 내려오는 물은 홈통을 타고 내려오고, 우물물은 지하에서 나온다. 계곡물은 차고 맑은 데 비해 우물물은 따뜻하고 약간 뿌옇다. 사람들은 물이 뿌옇다고 고개를 돌리지만, 미네랄과 같은 여러 영양소가 녹아 있어서 뿌연 것이지 오염되어서 그런 것은 아니다. 오히려 옛

사람들은 그런 음수를 젖샘이라 하여 즐겨 찾아 마셨다.

경내에 들어서면 놀랍게도 풀 한 포기 나무 한 포기 없다. 어떤 이들은 그걸 반생태적이라고 서운해하지만, 절마당에 숲을 만들지 않는 것은 우리 건축의 공학적 배려이다. 거기다 숲을 조성해 놓으면 그늘이 져서 대웅전 내부가 어두워진다. 불을 켜지 않아도 법당 안이 훤한 것은 마당에서 반사되어 들어오는 빛 때문이다. 그리고 숲이 있으면 음습해져서 목조건물이 오래 가지를 못한다.

대웅전 숲은 회랑 바깥에 병풍처럼 조성되어 있다. 흔히 사람들은 다보탑과 석가탑만 구경하고 돌아서는데, 자하문 안쪽 처마 밑에서 회랑 너머 스카이라인을 한번 보라. 절로 감탄이 나올 것이다. 다보탑 상륜부와 뒷산 노송숲이 만드는 스카이라인은 눈맛이 여간 아니다. 그런 눈맛은 뒤쪽 관음전 주변에서도 볼 수 있다. 꼬이고 뒤틀린 안강형 소나무도 세월을 먹으면 저렇게 멋지다. 노송 부근의 활엽수 키를 낮추면 더욱 돋보일 것이다.

화계처럼 조성한 무설전 뒤쪽에는 목련, 반송, 수국, 사철, 연산홍, 향나무, 동백 들이 있다. 서울의 고궁 화계만큼 화려하지는 않지만 정갈하다. 고궁의 화계들은 여성들의 공간이지만, 절집은 수행자들의 공간이기 때문이다.

무설전 뒤로는 관음전 영역이다. 언젠가 수학여행 온 인솔교사가 관세음보살을 여자 부처님이라고 설명하는 것을 들은 적이 있다. 크게 틀린 말은 아니다. 중생의 현실적 소구소망을 들어주는 관세음보살은 모성적·여성적 이미지를 갖고 있다. 석굴암 본존불이 신라인들의 남성상을 재현

꽃망울을 터뜨린 비로전 앞의 산수유

친환경적 변기에 사용된 노둣돌

한 것이라면, 관음상은 신라인들의 여성상
을 구현한 것이다. 그래서 불상보다 훨씬 치
장이 많고, 관음전 영역도 대웅전 영역과 달
리 오죽·모과·목련·단풍 등으로 조경했
다. 그런 점에서라면, 관음전 영역은 좀더
다양한 꽃들로 치장해도 괜찮을 것이다.

극락전을 보고 요사채 쪽으로 가다 보면
언덕진 쉼터의 나무 아래 요상하게 생긴 돌들이 줄지어 늘
어서 있다. 무설전 뒤쪽에서 발굴되었다는 이 돌들은 뒷일
을 볼 때 양쪽 발을 올려놓는 노둣돌이다. 그 옆에는 크기
가 작은 노둣돌도 놓여 있다. 또 요즘의 수세식 변기처럼
물을 사용하여 배설물을 씻어내릴 수 있도록 뒤쪽으로 배
출구가 나 있다. 그러니 배출구 아래에 지금의 정화조와
같은 장치가 있었을 터, 첨성대 부근에서 발굴된 거대한 석
조탱크가 이를 유추케 해준다. 8세기에 이미 신라에 이 같
은 친환경적 변기가 있었다는 것은 놀랄 만한 일이다.

대종천의 청거북

불국사에서 석굴암은 지척이지만, 그쪽 조경도 크게 눈길
끄는 데는 없다. 차라리 추령을 넘어 동해나 보는 게 나을
것이다.

보문호와 덕동호를 지나 동해구로 넘어가는 4번국도는
이른바 '감포 가는 길'이다. 이 길은 신라 천년 역사의 호젓
한 뒤안길이다. 역사도 그러려니와 자연풍광도 여간 마음
에 들지 않는다.

한 뼘 하늘만 내놓은 열두 굽이 고갯길, 인적 끊어진 고갯마루에 홀로 바람을 맞고 선 칡즙장수, 그 길 옆 숲 사이로 이따금 뱀처럼 나타났다가 사라지는 맑은 계곡, 그 계곡에 발 담그고 있는 이름 모를 나무와 풀꽃들, 지리산 자락에서나 보았던 임자 모를 다랑논과 묵밭들, 탁발 나선 수행자처럼 끝간 곳 모르게 줄지어 서 있는 늙은 가로수들, 그 논밭 끝머리에 기도하는 자세로 엎드린 키 낮은 마을들, 그 마을을 돌아서 이윽고 만나게 되는 푸른 바다….

터널을 넘으면 오른쪽으로 장항리 절터로 가는 새 길이 나 있다. 토함산에는 유난히 칡이 많다. 이곳까지 뻗어와 다른 나무들을 곤욕스럽게 만든다. 그러나 칡꽃이 필 때면 사람 녹이는 향이 이 골짜기에 가득해진다.

다시 기림사에 들러 달피나무(보리수)를 보고, 감은사 절터에 들러 쌍탑을 돌아보고 잰걸음으로 바닷가로 나가면 푸른 대종천을 만난다. 토박이 노인네들의 말로는, 옛날에는 대종천이 넓고 깊어서 바닷물이 감은사 턱밑까지 찼다고 한다. 감은사 절터 아래에 있는 연못(용당)이 그때의 흔적이란다. 그랬을 것이다. 동해의 용이 금당까지 올라올 수 있는 물길이 그 옛날에는 있었을 것이다.

대종천은 민물고기 탐사지로서도 적지이다. 장항리 절터 부근은 1급수 어종인 버들치가 보이고, 감은사 절터 앞쪽으로 내려오면 2급수 어종인 갈겨니가 잡히며, 아래쪽에는 3급수 어종인 붕어가 올라온다. 또 바다와 만나는 지역에서는 망둥어류가 눈에 띈다. 대종천을 끼고 있는 높고 낮은 산의 식생과 다양한 조류들도 관찰의 재미를 더해 준다.

페인트로 방생자 이름이 크게 씌어져 있는 청
거북이 자갈밭에 알을 낳고 있다.

그러나 대종천은 말할 수 없는 슬픔을 간직하고 있다. 함부로 방생한 청거북 때문이다. 등짝에는 '경진생 ○○○' 식의 방생자 이름까지 페인트로 큼지막하게 씌어 있다.

초여름이면 청거북은 모래도 거의 없는 자갈밭 여기저기에다 알을 낳는다. 토종 민물고기를 잡아먹기 때문에 부화가 되어도 걱정이요, 부화되지 않고 썩거나 홍수에 떠내려가도 걱정이다. 이건 방생이 아니라 또 다른 살생이다. 대종천 물소리가 울음소리처럼 들리는 것도 그 때문이요, 수중릉 위에 앉은 괭이갈매기의 발이 시려 보이는 것도 그 때문이다.

교통
경부고속도로와 철도가 있지만, 열차는 시간이 뜸한 편이다. 여근곡을 보려면 건천으로 들어가야 한다.

숙식
국제적인 관광도시라 숙식은 걱정하지 않아도 된다. 대종천 부근에 몇몇 식당(054-744-2142)이 있고, 감포에 장급여관 몇 개가 있다.

기타
최근 신라문화원(774-1950)에서 환경에 관심을 갖기 시작했다.

울진 왕피천

남녘 부산에서 출발하여 포항-강릉-원산-함흥을 거쳐 북녘땅 나진에 이르는 7번국도는 우리나라에서 가장 긴 국도이다. 왼쪽으로는 백두대간을, 오른쪽으로는 푸른 동해를 끼고 달리는 이 길은 우리나라에서 풍광이 가장 아름다운 길로도 정평이 나 있다.

그 가운데서도 금강산과 평해 월송정을 잇는 관동팔경 구간은 예부터 소문난 곳이다. 송강 정철은 「관동별곡」을 지어 예찬했고, 조선 중기의 실학자 이중환은『택리지』에서 "이곳을 한 번 거치면 그 사람은 절로 딴사람이 되고, 지나간 자는 비록 10년 후에라도 얼굴에 자연산수의 기상이 남아 있다"고 극찬했다.

경북 울진은 바로 그 구간의 맨 아래쪽에 자리한 작은 고을이다. 이름 그대로 울울창창한 산과 진주 같은 바다가 있는 곳이다. 포항에서 1시간이면 영해에 닿고, 영해에서 1시간이면 울진에 닿는다.

개구리알. 경칩날 개구리를 죽인 사람은 죽어
서 눈알 없는 개구리가 된다는 옛말이 있다.

탱자나무를 당나무로 섬기는 유일한 곳

영해는 '작은 안동'이라 할 만큼 유서 깊고 향세가 당당한 고을이다. 괴시·원구·인량 마을에 남아 있는 거창한 전통 고가들이 그것을 증명해 준다. 영해가 이렇게 당당할 수 있었던 것은 관동에서 제일 가는 넓은 평야와 동해안의 풍부한 어족자원 덕분이다. 결국 예나 지금이나 자연환경이 마을을 일으키고 고을을 지켜주는 셈이다.

읍내에서 대진포구로 가다 보면 오른쪽에 괴시(느티)마을이 있다. 느티는 보이지 않고 오래 된 고가 마당에 매화 꽃만 요염하게 피었다.

묵논의 고인 물에 개구리가 말갛게 알을 낳아놓았다. 경칩은 개구리가 땅속에서 나오는 날이라고 했다. 이런 개구리의 생태를 절기로 여기는 민족은 아마 세상에 둘도 없을 것이다. 경칩날 개구리를 죽인 사람은 죽어서 눈알 없는 개구리가 된다고 하였다. 이는 생명의 존엄성을 세시 속신(俗信)을 통해 깨우쳐주는 대목으로, 생명가치에까지 접목되지 못하고 있는 인간 중심적인 오늘의 환경 의식과 운동방식을 부끄럽게 한다.

괴시마을을 지나 처음 만나는 삼거리에 팔령신을 모시는 서낭당이 있다. 당집 옆 탱자나무에 금줄을 친 걸로 보아 당나무로 섬기고 있는 것이 분명하다. 탱자나무를 당나무로 섬기는 곳은 아마 이곳이 유일할 것이다.

하지만 탱자나무를 당나무로 섬긴다고 해서 안 될 것은 없다. 일찍이 조상들은 탱자나무나 엄나무처럼 가시 있는 나무는 잡귀를 쫓는다고 생각했다. 대문간에 가시 있는 두

동해안의 여명. 동해안과 나란히 부산에서 함흥을 거쳐 나진에 이르는 길은 우리나라에서 풍광이 가장 아름다운 길이다.

릅나무 가지를 걸어두는 것도 그 때문이다. 탱자열매는 이 서낭당에서 섬기는 팔령(八鈴)의 이미지를 그대로 보여주고 있다.

옛말에 '귤화위지(橘化爲枳)'라는 것이 있다. "남쪽에 심으면 귤이 되고, 추운 북쪽에 심으면 탱자가 된다"는 뜻인데, 귤과 탱자는 서로 종이 다르기 때문에 분류학적으로는 맞지 않는 말이다.

삼거리 서낭당을 왼쪽으로 끼고 1킬로 남짓한 곳에 대진 포구가 있다. 이문열의 연작소설인 「젊은날의 초상」의 무대이기도 한 대진포구는 규모는 작지만 부두에 올라오는 고기들은 맑고 깨끗하다.

봄이 유난히 빨리 찾아드는 칠보산

다시 7번국도를 타고 북상하면 왼쪽으로 칠보산이 보인다. 이 산은 양백지간에서 내려온 금강송의 남방한계선이요,

남쪽에서 올라온 안강형 소나무의 북방한계선이다. 그곳 백석마을에서 계곡을 타고 휴양림과 유금사로 들어가다 보면 잘생긴 금강송들을 곳곳에서 만난다.

바다에 접한 칠보산 아랫기슭은 봄이 유난히도 빨라 보인다. 이미 봄은 땅속에서 난리를 피워 꽃은 꽃대로, 곤충은 곤충대로, 개구리는 개구리대로 겨울의 두께를 뚫고 지상으로 나오기 시작했다. 그러나 먼저 나가려고 새치기하는 것들이 없다. 땅속에 있어도 그들은 바깥세상을 안다. 세상만물은 모두 제철을 알고 있다. 철모르고 깝죽대는 것은, 제때 아닌 때에 마음을 일으키고 제것 아닌 것을 탐하는 인간밖에 없다.

백석마을을 지나면 울진땅이다. 후포는 평해의 외항으로, 죽변과 함께 울진의 양대 어항으로 꼽히는데 오징어와 대게잡이로 유명하다.

동해에서만 서식하는 큼지막한 대게는 다리와 속살의 모양이 마치 대쪽 같다고 해서 이름이 '대게'이다. 그래서 발음할 때는 짧게 '대게'라고 해야 한다. 색깔이 빨간 홍게를 간혹 대게라고 속여 파는 사람도 있으나, 전혀 종이 다르다.

흔히 대게 하면 영덕을 떠올리지만, 울진사람들은 그걸 아주 못마땅하게 생각한다. 우리나라 대게의 2/3 이상을 울진 앞바다에서 잡아들이는데, 왜 '영덕대게'냐는 항변이다. 이유 있다.

월송정 소나무와 할미새
평해를 지나자마자 오른쪽 길가에 '월송정(月松亭)' 표지

판이 있다. 월송정은 관동팔경의 하나로 손꼽히는 절경의 정자이면서도, 그 주변이 키 큰 소나무로 울울창창하다. 평해읍의 방풍림 역할을 톡톡히 하고 있는 이 솔밭은 해안을 따라 끝없이 펼쳐져 있다. 휘영청 달이라도 뜨는 밤이면 그대로가 선경일 듯싶다.

그 솔밭 남쪽 끄트머리에 남대천 하구가 있다. 남대천은 백암온천이 있는 백암산 계곡에서 내려온 강이다. 매양 하는 말이지만, 예전에는 정말 맑고 깨끗한 강이었으나 지금은 수질이 크게 나빠졌다. 백암 온천지구에서부터 수질이 떨어진 상태로 내려오기 때문에 읍내사람들만 탓할 수가 없다. 그래도 봄이면 숭어, 황어, 은어, 큰가시고기 같은 회유성 물고기들이 잊지 않고 올라와 준다. 그게 눈물겨운 것이다. 예전에는 연어까지 드나들었다고 한다.

할미새 한 쌍이 물가를 거닐며 데이트를 즐기고 있다. 우리나라에는 여러 종의 할미새가 있다. 검은등할미새와 검

해안을 따라 끝없이 펼쳐져 있는 월송리 숲(왼쪽). 검은 망토를 걸친 듯한 검은등할미새. 주로 물가를 거닐면서 곤충이나 무척추동물을 잡아먹는다.

은턱할미새는 겨울에 볼 수 있고, 알락할미새와 백할미새
와 노랑할미새는 봄에 날아와 여름을 난다.

검은등할미새는 마치 검은 망토를 걸친 것처럼 몸통은
하얗고 등과 머리는 새까맣다. 이 새 역시 다른 할미새들마
냥 긴 꽁지깃을 까딱거리는 습성이 있다.

둑방 위에 앉아 이들이 노니는 모습을 보고 있노라면 오
만가지 생각이 다 떠오른다. 검은등할미새는 죽어서 무엇
이 되고 팔공산밀들이는 죽어서 무엇이 되며 광릉요강꽃은
또 무엇으로 태어나는지, 이들은 죽어서 다시 그대로 태어
나는지… 그것이 알고 싶다.

구산리의 개불알풀

이른봄이면 매화가 눈부신 매화마을을 지나 왼쪽으로 들어
가면, 화강암 계곡이 아름다운 구산리 마을이다. 이 마을을
지나 흐르는 왕피천은 통고산을 돌아 산간마을인 왕피리
마을 부근에서 아름다운 곡행(曲行, 蛇行)을 이루며 흐르
다가 성류굴 아래쪽 합수머리에서
불영천과 만나 동해로 흐른다. 망
양정이 있는 하구에 이르면 모래언
덕에 막혀 마치 석호와도 같은 모
습까지 연출한다.

삼층석탑이 서 있는 옛 절터에
개불알풀이 돋았다. 마치 연보라색
자잘한 꽃을 수놓은 양탄자를 깔아
놓은 듯하다. 징글맞은 이름하고는

이름과 달리 앙증맞은 연보랏빛 꽃을 소담스
럽게 피운 키 작은 개불알풀은 마치 꽃 양탄
자를 보는 듯하다.

영 딴판이다. 저 작고 연약한 것이 삼동을 어떻게 견뎌냈는
지 대견스럽다. 개불알이라는 이름은 이 꽃의 열매 모양을
따서 지은 것 같은데, 이른봄 일찍 피기 때문에 봄맞이풀이
라고도 했다.

청암 계곡에 손을 적시고 나오는데 상여 하나가 산으로
올라가고 있다.

> 잉여꾼아 길 잡아라, 상여꾼아 발 맞춰라
> 너화호 너화 너엄차 너화호
> 초로 같은 우리 인생, 백발 되면 황천이네
> 황천길이 웬말인고, 산천초목 무심하다
> 나는 가네 나는 가네, 황천길로 나는 가네

우리 민족에게 죽음은 크게 두 가지로 인식되어 왔다. 하
나는 현실적·생물학적 죽음이요, 또 하나는 관념적·신앙
적 죽음이다. 전자는 육체적인 죽음이요, 후자는 영혼의 죽
음이다. 주검은 이승에 묻히고 혼령은 저승으로 간다. 죽음
은 영원한 마침표가 아니라 잠시의 쉼표이다. 죽음은 삶의
다른 형태이거나 일부분에 불과하다. 그래서 '돌아갔다'
'잠들었다'라는 표현을 쓴다.

산은 모든 생명을 잉태하고 발양시키지만, 죽은 자들도
말없이 품어준다. 우리 민족은 산에서 태어나 산에서 살다
가 산으로 돌아간다. 산으로 돌아가는 것은 곧 자연으로 돌
아간다는 것이다.

구산리 마을을 지나는 왕피천 중류의 화강암
계곡이 무척 아름답다. 영양군과 울진군의 경
계에 있는 금장산에서 발원한 왕피천은 이곳
을 지나 동해로 흐른다.

걸으며, 인적 없는 강변 풍경과 생태를 감상하며

7번국도를 타고 지나노라면 해송숲 가까이에 바다와 민물이 만나는 크고 작은 기수호를 이따금 대한다. 기수호는 높고 낮은 낙동정맥 산줄기에서 내려온 골짝물들이 바닷가의 모래언덕과 해송숲에 막혀 바다로 나가지 못하고 멈춘 작은 습지이다. 강릉과 양양 부근의 화진호, 송지호, 영랑호, 경포호 같은 석호(潟湖)도 모두 기수호에 해당한다. 이렇게 해서 생긴 습지는 세계적으로 그리 많지가 않아서 자연생태적으로 가치가 매우 높다.

가을부터 봄까지 때때로 작은 호수에서 오리떼들이 새카맣게 하늘로 솟아올라, 지나가는 이들의 발목을 붙들어놓기도 한다.

울진 읍내를 저만큼 두고 다리 아래로 왕피천이 흐르고 있다. 그 옛날 삼척과 울진을 다스리던 실직군왕이 난을 피해 숨어들었다고 해서 왕피천(王避川)이라는 이름이 붙었다.

회유성 물고기들을 위해 설치해 놓은 왕피천의 어로와 연어

여기서는 왕피천 다리를 건너지 않고 물길을 따라 거슬러 올라간다. 인적 없는 강가의 풍광과 생태를 감상하며 걷기에 딱 그만이다. 도무지 차를 타고 멋대가리없이 휑하게 지나칠 곳이 아니다.

동해로 흐르는 하천은 서해로 흐르는 하천보다 발원지들이 가깝다. 그래서 왕피천도 인근에 큰 동네나 공장이 없어서 비교적 수질이 양호한 편이다.

왕피천에서는 갈겨니, 돌고기, 꺽지, 동사리, 피라미, 몰개 같은 민물고기를 볼 수 있다. 동해로 흐르는 강인데도 서계(西界) 어종들이 우점하고 있는 것은 사람들 손에 의해 낙동정맥을 넘어왔다기보다 오랜 지질시대에 하천 유로의 변경 때문인 것으로 학자들은 보고 있다.

그래도 역시 왕피천의 주인공은 숭어나 황어, 은어, 가시고기와 같은 회유성 물고기들이다. 이들을 위해 보(洑)에다 간간이 설치해 둔 계단식 어로(魚路)에서는 오래 전부터 연어 치어를 방류하고 있다. 이들이 어른 연어가 되어 돌아오는 4년 후 늦가을이면 왕피천 하류에서는 대장관이 펼쳐진다. 아래쪽 강 건너에 민물고기 전시장이 있어서 함께 돌아보면 금상첨화일 것이다.

왕피천 주변에는 오리나무가 많이 눈에 띈다. 봄햇살을 받아 꽃눈이 터질 듯이 주렁주렁 매달려 있다. 오리나무는 목재가 치밀하고 단단해서 농가에서는 이 나무로 지게를 만들었고, 수피나 열매를 따다가 염료로 썼다고도 한다. 또 예전에는 오리(五里)마다 이정표로도 심었다고 하니 용도가 무궁무진한 나무이다.

자작나뭇과의 작은 교목 오리나무. 물오리나무나 사방오리나무에 비해 귀한 편인 오리나무가 왕피천 주변에는 많다.

상처받은 동굴, 성류굴

성류굴은 왕피천 강가에 있는 석회암동굴이다.

신라 때 영랑, 술랑, 남석, 안상의 사선(四仙)이 머물렀다 하여 선유굴(仙遊窟)이라고 불렸으나, 임진왜란 때 성류사 불상들을 굴 안으로 옮긴 일로 해서 성류굴로 바뀌었다고 한다. 왕피천 주위에는 아직 개발이 안 된 석회암동굴이 여럿 있는 것으로 보고되고 있다.

성류굴은 총길이가 1킬로에 가깝지만, 현재 개방된 부분은 470여 미터 정도이다. 굴 내부는 크고 작은 광장과 연못이 아기자기하게 자리잡고 있는데, 수심이 깊은 곳은 10미터나 된다. 왕피천의 물고기들도 가끔 들락날락하고 있다.

그러나 동굴 속은 전깃불이나 공기오염, 인위적인 기온 변화 등으로 생성물들이 본래의 색깔을 잃어서 더러는 푸석푸석하고 거뭇거뭇해지기도 했다. 게다가 몰지각한 관광객들이 몰래 잘라버린 석주들도 여기저기 눈에 띈다.

하지만 이러한 동굴의 슬픔은 자연이 왜 파괴되고 생태가 또 어떻게 변화하는지를 보여주는 좋은 기회가 되기도 한다.

울진 탐방의 종착역은 읍내에 있는 연호지(蓮湖池)이다. 아직은 봄이 일러 작년에 남긴 연밥만 물위에 둥둥 떠다닐 뿐이다. 그러나 물 속에선 지금 봄맞이 준비가 한창일 것이다. 머지않아

봄맞이 준비가 한창인 연호지

물 속의 근경에서 새순이 돋아 물위로 솟아오르고, 여름이
면 연꽃이 호수를 가득 채울 것이다.
　연호정에 앉아 황무광의 시조 「연호정」 한 수를 읊으며
봄을 기다린다.

　　이따금 황새 날면 구름 몇 점 품어보고
　　청둥오리 자리 뜨면 봄을 놓아 속 데우다
　　진달래 터지는 봇물에 생각 흠뻑 젖은 여인
　　한 목청 소쩍새 울어 송홧가루 물드는 밤
　　그리움 눈에 괴이던 그 설움 결을 삭여
　　어느 먼 생명을 빌려 연잎 하나 떠올린다.

교통
서울 동서울터미널에서 2시간마다 울진행 버스가 있지만, 포항에서
30분마다 있는 버스를 타면 영해를 지나 울진으로 이어진다.

숙식
코스 안에 식당(054-787-8885)과 모텔(782-5004)이 많고, 울진군
청(785-6393)에 연락해도 정보를 얻을 수 있다.

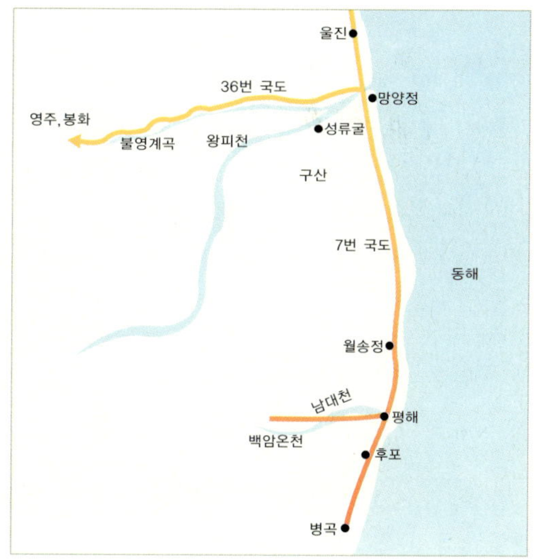

문경새재

백두대간은 그 옛날 삼국의 국경이었다. 특히 소백산에서 문경새재에 이르는 지역은 고구려와 신라가 사생결투를 벌이던 곳이다.

그 줄기에 일찍이 큰 고갯길이 셋 열렸는데, 영주에서 단양으로 넘어가는 죽령, 김천에서 대전으로 넘어가는 추풍령 그리고 문경에서 괴산으로 넘어가는 문경새재이다. 새재는 이 셋 가운데 가장 역사가 깊다.

이번 걸음은 신경림의 「새재」를 읊으며 새재를 오른다.

검단산 돌바위골 머루 다래도 따먹고
새재 서른 굽이 주흘산으로 갈거나…
주흘산 지나면 여우볕들 있다더라
열두 길 벼랑 올라가야 하늘 하나 보이고
열두 길 바위굴 지나야 햇볕 한 조각 보여
그래서 가난한 사람 활갯짓하고 모여사는
새 세상이 있다더라

조령천의 수서곤충

충북 괴산땅에서 제3관문을 통해 내려가면 편하지만, 아무래도 옛 맛은 문경 쪽 제1관문을 시작으로 올라가는 길이 낫다. 산행로는 약 8킬로미터. 길이 잘 나 있어서 걷기에 딱 좋다.

새재가 생기기 훨씬 전에 계립령이라는 고개가 지금의 새재 동쪽에 있었다. 그러다가 고려 때 새재가 새로 났다.

억새풀의 일종인 한해살이풀 '새'는 산간마을에서 지붕을 덮는 데 흔히 쓰였다. 그래서 『세종실록』「지리지」에도 초점(草岾)이라는 지명이 나온다.

그만큼 억새풀이 많고 으슥했던 고개가 일반에게 널리 알려진 것은 조선조 태종 때부터다. 당시 새재는 관리와 양반들이 다니는 길이고, 계립령은 서민들이 주로 넘나들었다고 한다. 그러다가 해방 후 새재가 폐쇄되고 이화령(伊火嶺)이 서쪽에 생겼다. 그러나 지금은 터널이 뚫려 이화령도

조령원 돌담. 『고려사』에 보면 새재에 새가 많아서 조령(鳥嶺)이라고 불렀다는 기록이 나온다.

적막강산이 되었다.

　새재 들머리로 들어서면 조령천이 내려온다. 유속이 느린 곳일수록 수서곤충은 종이 다양하고 개체수도 많다. 아래로 내려갈수록 영양물질이 풍부해지기 때문이다.

　하지만 최근 도로 확장공사 바람에 누천대를 살아오던 날도래, 하루살이, 강도래의 유충들이 몇 개체 보이지 않는다. 다만 인근 논에서 개울을 따라 올라온 밀잠자리 한 마리가 옛 친구를 찾느라 여기 앉았다 저기 앉았다 한다. 어딜 가나 사람 손이 가장 무섭고 매섭다.

　밀잠자리는 우리나라에서 가장 흔한 잠자리 중 하나이다. 지역에 따라 '쌀잠자리'로도 불리는 이놈은 3월에 산란되어 물 속에서 살다가 초여름에 날개를 달고 날아다니기 시작한다. 고추잠자리가 극성을 부리는 가을이면 서서히 꼬리를 감춘다.

사람이 좋아 사람과 함께 살아온 감나무

제1관문인 주흘관은 주차장에서 걸어서 10여 분 거리에 있다. 성을 개축하면서 성벽 아래로 예쁜 수문을 냈다. 직선과 곡선의 절묘한 조화가 보면 볼수록 눈맛이 난다.

　수문을 지나온 물은 성문 앞을 흘러 해자(垓字)가 되고 있다. 개축 당시에 일부러 물길을 돌린 것으로 보인다. 해자란, 적이 성문을 쉽게 공격하지 못하도록 인공적으로 파놓은 물길이다.

　예전에 성문 안쪽에 커다란 전나무가 서 있어서 고개를 넘나드는 과객들에게 시원한 그늘을 적선하곤 했다. 그런

몸통이 푸른 밀잠자리는 주로 습지나 논 가까이 산다.

전나무가 죽자 사람들이 그를 아쉬워하며 거기다가 비석을 세워주었다. 지금은 그 후손나무들이 주위에 자라고 있다.

비석밭을 지나면 조령천 건너에 TV드라마 〈태조 왕건〉 촬영장이 들어서 있다. 산자락과 논밭을 깔아뭉갠 엄청난 규모이다. 눈에 익은 것이라고는 소품으로 살려놓은 감나무 몇 그루 밖에 없다. 그래도 누구 하나 방송사에 눈을 흘기지 않는 것이 이상하다.

인적 없는 곳을 산행하다 보면 이따금 감나무 같은 과수를 만날 때가 있다. 그것은 언젠가 그 산속에 사람이 살고 있었음을 말해 준다. 나무뿐만 아니다. 마을 숲이나 야산에 사는 직박구리나 멧비둘기들도 마찬가지다. 사람이 좋아 사람과 함께 살아온 그들은 마을이 없어진 뒤에도 오랫동안 그곳을 떠나지 않고 산다.

오른쪽 등산로를 타면 여궁폭포와 혜국사를 지나 주흘산에 이른다. 등산로 가운데 가장 많이 이용하는 코스이다.

문경새재 제1의 관문 주흘관과 그 수문. 1748년 영조 때 개축하면서 성벽 아래에 직선과 곡선이 절묘하게 조화를 이룬 수문을 냈다.

비 온 뒤라 여궁폭포의 물줄기는 더욱 아름답다. 주변의 절벽 위로는 소나무들이 학처럼 춤추고 있다. 여궁폭포에서 혜국사까지의 길은 암산에서나 볼 수 있는 깊은 협곡으로 이루어져 있으며, 폭포 주변에는 지각변동으로 생긴 너덜지대도 있다.

주흘산은 매우 역동적인 분위기를 풍기는 암산이다. 운치 있는 솔밭과 활엽수림과 산죽밭이 특히 인상적이다.

산림보호 계몽판, 산불됴심비

조령원 옛터는 당시 관아에서 운영하던 길손들의 숙식처였다. 새재에 도적과 맹수들이 많아서 사람들은 이곳에 모여 있다가 함께 넘어가곤 했다.

일본이깔나무가 지키고 선 원터에는 대장간이며 마굿간, 온돌방의 흔적이 아직 그대로 남아 있다. 특히 눈길을 끄는 것은 고려 때의 것으로 보이는 온돌구조이다. 북방의 난방문화인 온돌이 그 무렵에 이미 새재를 넘었다는 것은 건축

문경새재의 옛길

사에서 중요한 의미를 갖는다.

아직 가을이 멀었는데, 풀숲에서는 귀뚜라미들의 콘서트가 시작되었다.

귀뚜라미와 나와 잔디밭에서 이야기했다
귀뚤귀뚤 귀뚤귀뚤
아무에게도 알으켜주지 말자고 우리 둘만 알자고 약속했다.
귀뚤귀뚤 귀뚤귀뚤
귀뚜라미와 나와 달 밝은 밤에 이야기했다

귀뚜라미 소리에 불현듯 떠오른 윤동주의 시이다. 그들 둘만 나눈 이야기가 무엇이었는지 자못 궁금해진다. 가끔 생태기행 때 주제에 맞는 시나 수필을 들고 나가 낭송해 보면 새로운 느낌을 맛볼 수 있다. 그런데 이 조령원터에도 TV세트장이 너저분하게 들어서 있다. 어쩌자는 것인지 모르겠다.

〈태조 왕건〉의 세트장. 산자락과 논밭을 훼손하고 지어놓았지만 탓하는 이 하나 없다.

물박달나무
조선시대의 산림보호 계몽판 '산불됴심비'

거기서 조금 더 올라가면 상처난 소나무를 만난다. 일제 때 나무밑동에다 V자형으로 여러 홈을 내고 송진을 채취해 간 자국이 선연하다. 나라가 망하니 산천초목도 함께 업신여김을 당했구나, 생각하니 눈이 아프다.

지금의 새재 길은 그 옛날의 길이 아니다. 관광지로 개발하면서 새로 낸 길이다. 원래는 우마차도 지나다니지 못하는 산간 오솔길이었을 것이다. 새 길을 오르다 보면 자주 옛 오솔길과 만나곤 한다. 아무래도 옛길 주변이 새 길보다는 생태계 교란이 적을 것이다.

큰길가에 있는 주막도 당시의 자리는 아니다. 관광지로 개발하면서 구색을 맞추느라고 그럴싸하게 지어놓은 것이다. 주막 뒤에 물박달나무가 몇 그루 서 있다.

주막을 조금 지나면 길가에 '산불됴심'이라고 씌어진 돌비석이 서 있다. 산불을 조심하라는 산림보호 계몽판이요, 경고판이다.

한글이 하대받던 '언문'시대의 유산이라 희소가치가 상당하다. 구개음화·단모음화되기 전의 유산이므로 건립연대는 200년 전으로 올라갈 것이다.

이런 음운과 더불어 비석의 연대를 추정케 해주는 것으로 또 한 가지, 담배가 있다. 담배는 광해군 때인 1618년경 일본과 중국에서 들어와 18세기에 널리 퍼졌다. 길손들은 고개를 넘다가 힘이 들면 나무그늘에 모여앉아 담배를 맛있게 피웠을 것이다. 담배로 인한 산불도 아마 그때부터 시작되었을 것이고….

이름도 생태적인 꾸구리바위

조령천 계곡을 경계로 오른편으로는 주흘산이 자리하고, 왼편으로는 조령산이 앉아 있다. 두 산 모두 암벽이 많은 험산이다. 특히 주흘산은 서울의 북악을 꼭 빼닮았다. 그래서 원래는 한양에 있었는데 북악과 싸워서 이곳까지 밀려났다는 전설이 생겼다.

길을 걷다가 가끔씩 쳐다보면 산중턱 위로 건강한 소나무군락이 보인다. 외형으로 보면, 중부내륙형과 금강형의 형질이 반반씩 섞인 듯한 소나무들이다. 설령 소백산맥계 소나무의 핏줄을 이어받았다 하더라도, 불과 10여 킬로밖

조령천 계곡

에 안 떨어진 황장산에 봉산표석(황장금표)이 박혀 있었다는 것은 이 지역 소나무의 형질이 예사롭지 않음을 짐작케 해준다.

조령산과 주흘산 기슭에서는 부처꽃, 매화노루발, 진부애기나리, 금강제비꽃, 가는잎향유, 꿀풀 같은 갖가지 야생화를 만날 수 있다.

새로 복원한 교구정 정자를 지나면 꾸구리바위가 계곡에 반쯤 허리를 담그고 있다. 전설에 따르면, 바위 밑에 큰 꾸구리가 살고 있어서 가끔 바위가 들썩였다고 한다.

꾸구리란 동사리의 별명이다. 수컷이 알을 지킬 때 "꾸구꾸구" 소리를 낸다고 해서 얻은 별명이다. 동사리는 우리나라 특산종으로, 주로 맑은 하천 중상류의 깊은 소에서 산다.

작명의 발상이 참으로 생태적이다. 하늘소 계곡, 진달래 능선, 여우 골짜기, 청솔모 바위… 앞으로 이런 지명을 많이 지었으면 좋겠다.

조곡관을 지나면 박달나무 노래비가 서 있고, 박달나무

부처꽃과 꾸구리바위
키가 커서 눈에 잘 띄는 여러해살이풀 부처꽃은 양지바른 습한 풀밭에서 자라며, 여름에 자줏빛 감도는 분홍 꽃을 피우고 가을의 꽃받침통 안에는 열매가 맺혀 있다.

도 몇 그루 눈에 띈다.

> 문경새재 덕무푸리 말채쇠채로 다 나간다
> 문경새재 박달나무 북바디집으로 다 나간다
> 황백나무 북바디 잡은 큰아기 손목 다 녹아난다

새재 민요는 가락이 정선아라리와 유사해서 아우라지 뗏목꾼들이 충주땅을 지나가면서 퍼뜨리고 간 것으로 보인다.

박달나무의 박달은 '밝다＋달'에서 '밝달'로 변해서 생긴 말이다. '달'은 '양달' '응달'에서 보듯이, '땅' '영역' '국토'를 의미한다. 따라서 '박달'은 우리나라를 가리키며, 박달나무를 단목(檀木, 檀君木)이라고도 하는 까닭도 바로 거기에 있다.

활엽교목인 박달나무는 목질이 단단하여 다듬잇방망이나 홍두깨, 디딜방아의 공이 혹은 포졸들의 육모방망이 재료로 쓰였다. 또 수액이 많아서 신라 화랑들은 훈련 도중 목이 마르면 이 나무에 상처를 내어 수액을 마셨다 한다.

새재 환경의 지표종이 되고 있는 나무등걸의 이끼

새재의 환경지표종, 이끼

조곡관을 지나 큰길 옆으로 다시 조릿대에 묻힌 좁은 옛길을 만난다. 그곳에서 조령관으로 가면, 오른쪽으로 멀리 마역봉(馬閁峯)이 보인다. '역(閁)'자는 희귀한 글자인데, 곧 "집안[門]에서 힘[力]을 쓴다"는 뜻이니 그 힘 쓰는 물건이 바로 남근(男根)이 아니겠는가. 그러나 근래 들어서는 상스러운 '마역봉(말좆산)' 대신 '마패봉'으로 부른다.

민달팽이(위)와 박새(아래)

새재 주변의 숲은 소나무와 참나무류의 혼합림이다. 각종 참나무와 대팻집나무, 박달나무, 서어나무, 물오리나무, 때죽나무, 진달래, 산벚, 참빗살나무, 느릅나무, 잣나무 등 중부지방에서 볼 수 있는 나무들이 모여 있다.

마역봉으로 오르는 숲속에 이끼가 신록처럼 파랗다. 나무등걸에까지 파랗게 붙었다. 이끼는 잎으로도 공기중의 수분을 흡수하기 때문에 대기가 오염된 곳에서는 살기 어렵다. 질환이나 영양실조에 걸리면 얼굴색부터 먼저 달라지듯이, 이끼의 색깔도 대기오염에 따라 변한다.

민달팽이 한 마리가 "누가 왔나?" 하고 슬그머니 기어나온다. 여름철에 산길에서 흔히 볼 수 있는 민달팽이는 달팽이보다 훨씬 어둡고 축축한 곳에서 지낸다. 달팽이와 달리 껍데기가 없어서 몸의 물기가 쉽게 마르기 때문이다. 주로 습도가 높아지는 밤에 기어나오는 것도 그 때문이다.

여기까지 오는 동안 노거수나 고목들이 거의 보이지 않는다. 그리고 보니 고목을 좋아하는 사슴벌레, 하늘소, 풍뎅이 같은 천공성 곤충도 별로 눈에 띄지 않는다. 산림생태계를 위해서는 죽어 넘어지거나 썩은 나무라도 함부로 베지 않는 것이 좋다. 그래야 거기에 갖가지 천공성 곤충이 모여든다.

국립공원을 돌아다니다 보면, 고목의 썩은 부위를 도려내고 시멘트로 땜질한 나무들을 왕왕 만난다. 나무를 살리기 위한 부득이한 응급조치이겠지만, 그 바람에 천공성 곤충들이 줄어든다는 점도 고려해야 할 것이다.

마지막 관문인 조령관 옆에 산신당이 있다. 자연을 신으

로 모시는 조령관 산신당이 인간을 모시는 주흘관 성황당
보다 윗자리를 차지한 것은 당연한 이치이다.

성문 앞에 잘생긴 전나무가 서 있다. 새재에서는 가장 준
수한 용모를 갖춘 맏이 전나무이다. 성 너머에서 박새 몇
마리가 쪼르르 날아와 인사를 한다.

박새는 텃새로는 가장 흔한 새이다. 그래서 이름도 넓을
'박(博)' 자를 쓴다. 그 작은 새가 먼바다를 어떻게 건너갔
는지, 울릉도에도 있고 백령도에도 있다. 덩치는 작아도 부
지런하기로는 산속에서는 제일일 것이다. 카메라 셔터 누
르기가 어려울 정도로 바지런을 떨며 이 나무 저 나무를 날
아다닌다.

자, 앞서거라. 이제 그만 고개를 내려가자꾸나.

교통
서울 동서울터미널에서 30분 간격으로 점촌행 버스가 뜬다. 문경에 내리
면 시내버스가 하루에 일곱 번 다니며, 택시도 5천 원이면 갈 수 있다.

숙식
제1관문이나 제3관문 주차장 부근에 식당이 많다.

기타
문경시 관광과(054-550-6392)에 문의하면 좋은 정보를 얻을 수 있다.

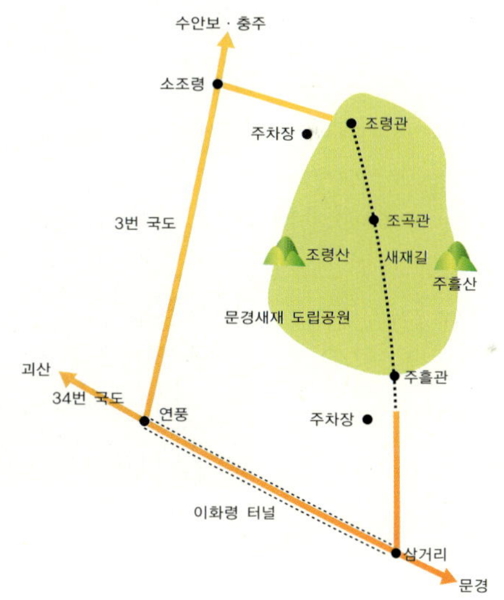

우포늪의 고랭이

섬진강의 봄

봄을 찾아 가다가다 보니 섬진강까지 내려갔다. 섬진강 푸른 물길을 따라 봄을 찾아 하동포구 팔십 리를 간다. 행여나 싶어 화엄사 골짜기에 들어갔다가 때가 일러 봄을 못 만나고 걷다 쉬다 또 걷다 보니 어느새 운조루까지 왔다.

운조루는 구례에서 하동 쪽으로 쉬엄쉬엄 걸어서 한 시간. 섬진강과 지리산 노고단 자락을 배산임수로 앉은 운조루는 아흔아홉 칸짜리 고가이다. 풍수 하는 사람들 사이에서는 여성 음부(陰部) 형국의 금환락지(金環落地) 명당으로 알려져 있다.

논둑머리에서 봄맞이하는 민들레

집 구경하고 나오다가 논둑에 나와 앉은 봄색시를 만났다.

처음 만난 봄색시는 논둑머리에 핀 민들레다. 민들레는 뿌리가 깊어서 참고 견디는 지혜가 가상한 꽃이다. 잎이나 꽃대를 꺾으면 쌉싸름한 하얀 즙이 나온다. 옛사람들은 쓴 것은 다 약이라고 했고, 봄나물은 입에 써야 입맛을 돋운다고도 했다.

그러나 우리 눈에 익은 것은 거의가 귀화한 서양민들레
이다. 봄부터 가을까지 색이 짙고 탐스러운 꽃을 피우는 서
양민들레는 꽃대가 짧아 다부져 보일 뿐 아니라, 도심의 공
해 속에서도 보도블록 사이에 뿌리를 박고 꽃을 피울 만큼
당차다. 또 꽃이 진 뒤에는 꽃대가 누웠다가, 씨앗이 익을
때면 꽃대가 다시 곧추서는 특징이 있다.

운조루의 문전옥답은 구례에서 가장 넓다. 그래서 지명
도 토지였던가.

땅의 생태계는 크게 자연 생태계, 농경지 생태계, 도시
생태계로 나뉘는데, 농경지 생태계는 자연 생태계와 도시
생태계를 이어주는 생태계의 고리이다.

특히 우리나라는 논이 농경지 생태계를 대표한다. 논은
잠자리 같은 곤충들과 개구리 등 양서류의 산란지이며, 불
무당이며 하루살이며 온갖 수서곤충들의 서식지이다. 송사
리처럼 작은 물고기들이 살고, 그들을 노리는 뜸부기와 해
오라기 같은 여름새들이 날개를 접는 곳이기도 하다. 개구
리밥, 개연, 부들, 갈대 등 수생식물도 논에 기대어 살아간
다. 또 논둑이나 논두렁에는 냉이며 쑥이며 갖가지 풀과 꽃
이 자라고 있다.

그러나 농사가 점차 산업화되면서 논의 생태계는 여지없
이 무너지기 시작했다. 제초제를 사용하여 논의 식물 생태
계를 무너뜨리고, 살충제로 동물 생태계를 망가뜨렸다. 어
디 그뿐인가! 농작의 효율성을 높이고 편리를 추구하기 위
해 농경지를 바둑판처럼 정리하다 보니 논은 자연 본래의
모습을 완전히 잃어버렸다. 도시의 팽창으로 농경지 잠식

봄색시 민들레. 국화과 여러해살이풀 민들레
는 우리나라에 11종이 있는데 우리가 흔히 보
는 것은 거의 서양민들레이다.

현상 또한 두드러졌다. 자연과 도시의 고리인 농경지가 이렇게 죽어가면서, 도시는 자연 생태계의 영역에서 점차 고립되어 떨어져 나가고 말았다.

퍼가도 퍼가도 마르지 않는 섬진강을 길벗 삼아

운조루 들녘을 지나면서부터는 눈부신 섬진강과 길벗하며 달린다.

섬진강은 전북 진안 팔공산에서 발원하여 순창—남원—곡성—구례—하동을 거쳐서 남해 광양만으로 흘러든다. 한강, 낙동강, 금강, 영산강과 더불어 남한 5대강의 하나이다. 발원지에서 하구인 하동군 금성면 갈사리까지 250킬로미터. 시인 김용택 말마따나, 퍼가도 퍼가도 전라도 실핏줄 같은 개울물들이 끊어지지 않고 모여 흐르는 강이다.

그 강물 위로 풍광 좋은 다리 하나가 놓여 있다. 바로 몇 해 전 늦가을, 광양 간전면으로 건너가는 그 섬진강 다리

겨울이 풀리는 하동 포구

아래에서 낚시꾼들이 희귀한 물고기를 잡아올렸다. 연어였다. 섬진강에서 사라진 지 30년이나 된 바로 그 연어였다.

30년 만에 연어가 돌아오자, 섬진강을 끼고 있는 전라도와 경상도 사람들이 벌떡 일어나 "연어가 돌아왔다!"고 외쳤다. 그리고 '섬진강 연어 되살리기 운동'을 펼쳐나가기 시작했다.

섬진강 연어를 좀더 적극적으로 보전하기 위해 구례의 '섬진강환경어족보존회'와 광주에 본부를 둔 '연어사랑시민모임' '청년환경지킴이' 등 시민단체들이 나서서 강원도 '양양내수면연구소'로부터 연어 치어를 분양받아 1998년 3월에 방류하였다. 그리고는 3~5년 후면 섬진강에 연어가 다시 나타나기를 기도하는 마음으로 기다리고 있다.

남대천을 비롯하여 우리 하천을 고향으로 하는 연어는 주로 사할린, 캄차카 반도, 베링 해협, 알래스카 등지의 북태평양에서 일생을 보낸다. 이들은 고향산천을 뜬 지 3~4년이면 산란과 수정을 위해 고향〔母川〕으로 돌아온다.

이제 연어는 섬진강의 새로운 지표종이 되었다. 연어의 회귀 여부가 곧 섬진강 수질의 바로미터가 된 것이다.

햇살은 눈부시건만, 김용택이 노래한 쌀밥 같은 토끼풀꽃도, 숯불 같은 자운영도 아직은 강둑에 보이지 않는다. 흔들리는 갈대숲 오지랖에 쑥 나부랭이나 겨우 보일 뿐이다.

봄색시는 아무데서나 옷을 벗고 드러눕는 창녀가 아닌 줄 알면서도 조바심이 난다. 그렇게 조바심이면 차라리 집에 앉아서 식물도감이나 펼쳐보지 왜 나왔느냐고 나 자신을 나무라며 길을 재촉한다.

민중의 삶과 원망이 서린 피아골의 다랑논과 진달래

피아골 들머리에 들어섰다. 지리산 반야봉에서 발원하여 산장-삼홍소-연주담-직전마을-연곡사-외곡리를 거쳐서 본류로 이어진다.

섬진강 유역은 아직 지리산의 옛 농경지 생태계 모습을 보여준다. 특히 계곡의 다랑논에서 그 모습을 반갑게 만난다.

우리는 산이 많아서 나라 안에 몇 곳을 빼고는 산기슭이란 기슭에는 다 농사를 지었다. 척박한 기슭에는 밭을 갈고, 그보다 좀 나은 곳에는 둑을 막고 물을 담아 논농사를 지었다. 산의 모양새와 비탈의 경사에 맞추느라, 논 모양이 들쑥날쑥 길쭉짤막 구불고불 제멋대로다. 논두렁은 10년을 기워입은 지지갈갈 누더기옷 같다.

다시 입이 늘어나자 사람들은 산기슭에서 위쪽으로 올라가면서 땅을 만들고 물을 담아 논을 만들었다. 그러다 보니 마치 시루떡 쌓듯이 논 위에 논, 논 위에 논, 또 논 위에 논이 다락처럼 층층이 절묘하게 쌓여갔다. 그래서 논두렁이라고 했다. 거기다 미로 같은 논도랑을 내고 골짜기 물을 끌어들여 물을 담아놓으니 논두렁 물꼬마다 작은 폭포들이다. 사람들은 이런 층층논을 다랑논이라고 불렀다. 다랑논은 자연과 문화가 함께 만들어낸 농경민족의 유산이다.

피아골의 좌우 비탈진 기슭에는 다랑논이 층층이 자리잡고 있다. 이 다랑논들은 직전마을에 이르는 동안 끊이지 않고 이어진다. 미로처럼 이리저리 얽히고설킨 논배미는 우리 민족의 끈질긴 목숨의 끈 같은 것이다. 자연을 거스르지 않고 살아온 우리 농군들의 순하디순한 심성을 본다. 피아

무명의 혼령이 서리서리 맺힌 핏빛 진달래. 한 가지 끝에 3∼6송이의 꽃이 피면 봄도 함께 무르익는다.

골 다랑논은 그대로가 산사람들이 지리산에 기대어 살아온 삶의 흔적이다.

피아골 골짜기에 들어서면 기억 저편에 묻혀 있던 영화 〈피아골〉이 떠오른다. 세상 잘못 만나 이 골짜기에 청춘을 묻은 이름 모를 젊은 혼령들이 겨우내 낙엽 속에 숨었다가 핏빛 진달래로 피었다. 아직은 때가 일러 진달래 세상은 아니지만, 햇살 따사로운 모롱이에 몇 그루가 소리도 없이 활짝 피었다.

우리나라와 중국이 원산지인 진달래는 깡깡 추위 속에서도 잘도 견디기 때문에 우리나라 어디에서나 흔하게 볼 수 있는 꽃이다. 그래서 진달래가 피지 않으면 봄이 아니다. 대개의 봄꽃들이 그렇듯이, 진달래도 잎보다 꽃이 먼저 핀다. 봄이 무르익어 진달래가 질 때쯤이면 역시 핏빛의 철쭉이 지천으로 핀다.

유난히 맑고 고운 섬진강 갯버들

이제 화개장터로 간다. 피아골 삼거리에서 걸어서 30분이다. 섬진강은 걸어서 가야 제 맛이 난다. 차를 타고 후딱 지나갈 일이 아니다. 봄을 찾아나선 길이라면 더욱 그렇다.

강이 풀리고 우수 경칩 지난 지 오래건만 화개나루의 줄배는 미동도 없이 졸고 있다. 몇 해 전에 구례로 나가는 강변길이 새로 나면서 더욱 할 일이 없어졌다. 봄색은 완연하건만 어디에도 봄은 없다. 다만 강변의 갯버들만 작년에 왔던 손님을 용케도 알아보고 반긴다.

섬진강 갯버들은 줄기가 유난히 맑고 곱다. 수양버들만

섬진강 갯버들은 줄기가 유난히 맑고 곱다. 단성화이며 수꽃 이삭은 길둥근 모양이고 암꽃 이삭은 원기둥처럼 길쭉하다. 우리나라가 원산지로 알려져 있으나 중국·일본에도 분포한다.

버들인가, 갯버들도 버들이다. 주로 물가에 사는 갯버들은 수양보다 잎이 좀 두껍고 색깔이 짙은 편이다. 수양이 몸을 사리고 있는 삼동설한에도 부지런히 꽃망울을 맺어 4~5월이면 하얀 털이 빽빽한 달걀 모양의 삭과(朔果)열매를 단다. 키가 작아서 땅버들이라고도 하는데, 예전에는 시냇가에 방수용으로 많이 심었다.

우리 동·식물에는 갯강구, 갯장어, 갯솜, 갯싸리… 등 이름의 첫머리에 '갯' 자가 들어 있는 것이 많다. 여기서 '갯'이란 물이 흐르는 가장자리를 뜻한다.

화개에서 쌍계사까지는 십리 벚꽃길이다. 그러나 때가 일러 벚꽃은 눈뜰 생각도 않는다. 꽃망울이 터지려면 아직은 보름도 넘게 기다려야 할 것 같다. 하는 수 없이 화개천

화개에서 쌍계사까지 십릿길이 벚꽃으로 이어진다.

으로 내려가 돌과 바위를 이리저리 건너뛰며 화개계곡을
거슬러 올라간다.

섬진강은 회귀성 물고기들의 고향이다. 봄이면 황어·숭
어·은어가 올라오고, 가을이면 연어가 올라온다. 황어와
숭어는 산란 후 바다로 내려가고, 은어는 가을까지 있다가
섬진강에서 일생을 마친다.

화개천은 지리산 토끼봉과 형제봉에서 발원하는 물이 맑
고 찬 계곡이다. 은어로도 유명하지만, 생태학자들은 오히
려 황어를 더 쳐준다. 경칩이 지났으니 황어가 올라올 때가
되었다.

화개천 양쪽의 언덕배기 야생차밭은 이 땅에 우리 차나
무가 최초로 심어진 곳으로, 지금도 그 명맥을 잇고 있다.
신라 흥덕왕 3년(828)에 사신으로 당나라에 갔던 김대렴이
차(茶) 종자를 가지고 와 이곳 지리산 자락에 심게 하여 이
때부터 차가 널리 퍼지게 되었다는 기록이 쌍계사의 진감
국사 비문에 나온다.

차나무를 둘러보는데 마을 어귀의 생강나무가 반갑다고
악수를 한다. 갓 피어난 노란 꽃은 산수유나무 꽃과 비슷해
서 더러 혼동할 때가 있다.

차창 밖으로는 봄햇살이 은단알처럼 강물 위로 쏟아져
내리고, 아직은 발이 시린 물 속에 아랫도리를 담그고 아낙
들이 재첩을 잡고 있다. 이곳 사람들이 갱조개라고 부르는
재첩은 겨울내 모래 속 깊이 묻혀 있다가 날씨가 풀리면 조
금씩 겉으로 나온다.

평사리 마을은 박경리 선생의 대하소설 「토지」의 작품무

대로 알려진 지리산 자락의 전형적인 농촌마을이다. 작품
에서 평사리는 주인공 서희가 태어나 죽은 곳이다. 언젠가
작가는 이곳 하동땅을 작품무대로 택한 것은 귀에 익숙한
이곳의 토속언어와 광활한 토지 그리고 지리산과 섬진강이
주는 역사적인 무게 때문이라고 술회한 적이 있다.

평사리 들머리에 고소산성이 있다. 백제와 신라가 머리
터지게 싸웠다는 이 성 위에 올라서면 악양뜰과 섬진강 하
구가 그림처럼 내려다보인다. 강 건너 짙은 보랏빛 산이 덩
치 좋게 앉아 있다. 해발 1217미터의 백운산이다. 지리산만
큼이나 생태계가 건강한 산이다.

폭 10미터의 샛강을 사이에 두고 좌우로 원시
의 대숲이 빽빽이 들어차 있다.
우리나라에는 참대, 죽순대, 조릿대, 오죽, 섬
대, 갓대 등 55종의 대나무가 있다. 아열대 지
방이 원산지이며 여러해살이 늘푸른나무이다.
종류에 따라 약간 다르지만 속성하여 생장 후
40일쯤이면 성장을 멈춘다.

섬진강 참게. 참게는 크게 남해안에 서식하는 동남참게와 서해안의 금강참게로 나뉜다. 야행성이며, 게 종류 중 유일하게 회귀성이다.

샛강과 어우러진 비경의 대숲

이제 하동 대숲을 찾아간다.

하동백사라 하여 솔밭도 유명하지만, 하동 대숲도 대단하다. 특히 신기리 마을의 대숲은 섬진강의 물 맑은 샛강과 어우러져 비경을 아낌없이 드러낸다. 샛강을 사이에 두고 좌우로 원시의 대숲이 우거져 있다. 물길을 따라 이리저리 굽이지면서 4킬로미터를 휘돌아 목도리 마을에서 섬진강 본류로 들어간다.

대나무는 자주 베어주어야 생육에도 좋고 질도 좋아지는데, 이곳 신기리 대나무는 자주 베어주지 않아 콩나물시루처럼 빽빽하다. 게다가 지난해 지리산 홍수 때 떠내려온 쓰레기들이 대숲 곳곳에 흉물스럽게 걸려 있다.

다시 하동으로 돌아가 섬진강 다리를 건너면 광양땅이다.

남해 광양만은 섬진강의 하구이자, 바다와 민물이 만나는 기수지역이다. 그러나 생태계는 그리 건강하지 못하다. 밀물 때가 되면 하구의 여천공단과 율촌공단의 폐수가 역류해서 수질을 탁하게 만들고 수온을 상승시키기 때문이다. 인간의 그런 푸대접에도 불구하고 그 유명한 섬진강 참게가 아직도 서식하고 있다.

섬진강 참게는 색깔이 연하고 크며, 껍데기(게딱지)는 소가 밟아도 안 깨어진다고 할 정도로 두껍다.

게 중에서 유일하게 회귀성인 참게는 진달래 필 때쯤이면 왕거미만한 치게가 되어 모천으로 돌아와 하류에 살다가 늦가을 10월쯤 여러 날에 걸쳐서 바다(광양만)로 내려간다. 야음을 틈타 하류로 내려가는 참게 군단의 행렬은 대

섬진강 매화마을. 해마다 3월이면 강마을들이 꽃 속에 묻힌다.

장관이다. 섬진강 사람들은 이때 참게를 잡는다. 또 여름밤에 횃불을 들고 나가 돌무더기를 뒤져 잡기도 한다.

예전에는 옥수수를 이용해서 잡았다고 한다. 알맞추 여문 옥수수를 새끼줄에 줄줄이 꿰어 바위 많은 개울에 두면, 참게들이 붙어서 알갱이를 빼먹느라 정신이 없어 새끼줄을 당겨도 도망가지 않는다. 그물을 이용한 작업은 현재 허가제로 되어 있다.

매화꽃 속에 묻힌 강마을

매화로 이름난 섬진마을은 다리 건너 불과 3분 거리 강변에 있다.

섬진마을이 매화로 뒤덮이기 시작한 것은 30여 년 전. 지금은 청매실농원의 안주인이 된 홍쌍리씨의 시아버지가 45만 평에다 매화 5천 그루와 밤나무 5천 그루를 심으면서부터였다. 그 매화는 지금 섬진강을 끼고 있는 인근의 모든 마을로 퍼져서 해마다 3월 중순이면 강마을들이 꽃 속에 파묻힌다.

매화꽃은 이른봄에 잎보다 먼저 핀다. 매화꽃은 대개 아래로 향해 있는데, 이는 직사광선을 피하기 위함이라고 한다. 강한 직사광선은 연약한 꽃잎에다 구멍을 내기 일쑤이기 때문이다. 꽃이 지고 맺히는 매실은 살구보다 작지만, 신맛은 더하다.

매화는 전통 있는 꽃이다. 매·난·국·죽이라 해서 일찍이 선비들이 애완한 바이지만, 향이 진해서 요염하다. 그래서 더러 '매즉색(梅卽艶)'으로 매도되기도 하고, 성명학에서는 화류성이 짙다고 해서 비토를 놓아왔다. 그래도 강희안은 『양화소록(養花小錄)』에서 소나무, 대나무, 연꽃과 함께 일품으로 쳤다. 그런데 놀랍게도 매화는 장미과이다. 장미와 매화라, 도무지 연결이 되지 않는다.

노란빛 감도는 흰 꽃이 피는 청매화(위)와 연분홍빛이 나는 하얀 꽃이 피는 홍매화(아래). 대개 꽃잎이 5장이지만 그 이상 되는 첩매도 있다.

진종일 봄을 찾아다녀도 봄을 찾지 못하고
짚신 다 닳도록 들판과 산비탈 돌아다녔네
돌아와 담장 곁에 핀 매화향기 맡으니
매화 꽃가지에 찾던 봄이 흠뻑 담겨 있구나
盡日尋春不見春　　　　芒鞋踏頭雲
歸來笑撚梅花臭　　　　春在枝頭已十分

옛 시를 읊으며 다시 강을 따라 길을 떠난다.

파란만장한 역사의 강, 모래가람

섬진강의 옛이름은 '모래가람(沙川).' 얼굴 보고 이름짓는
다고, 그만큼 모래가 고운 강이다. 그리고 언제 보아도 부
드럽고 여성 같은 강이다.

그러나 강을 둘러싼 역사는 파란만장하다. 삼국시대에는
신라와 백제가 피를 튀기던 국경이었으며, 고려 때는 왜구들
이 드나들며 노략질을 일삼던 곳이었다. '섬진(蟾津)'이라
는 이름도 고려 말기 왜구가 침입했을 때 이 강의 두꺼비들
이 울부짖어 왜구를 물리쳤다는 전설에서 비롯되었다. 조선
시대에 들어와서는 남해안의 고깃배와 소금배들이 구례까
지 오르내렸다.

강변 당나무 아래 섬진강 전설을 만들어낸 돌두꺼비 네
마리가 앉아 있다.

섬진강변에는 다압, 소압, 외압 등, 백로과 해오라기를
가리키는 압(鴨) 자가 붙은 마을들이 연이어 있다. 그러고
보니 백로가 희끗희끗 강물 위로 지나간다. 지구 온난화 영
향으로 자기 고향인 남쪽나라로 돌아가지 않고 아예 겨울
을 여기서 눌러산다.

오른쪽으로 섬진강을 거슬러 올라가면 수달마을이 나온
다. 백운산에서 발원한 물 맑은 샛강이 섬진강으로 흘러드
는 지역이다. 이 일대는 섬진강 수달의 서식지이다. 수달은
바위가 많고 인적이 끊어진 곳을 좋아하는데, 이곳말고도
몇 군데에서 수달이 발견되곤 한다.

구례에서 광양에 이르는 섬진강 하류는 요즘 들어 수질
이 예전보다 못하다는 소리를 듣는다. 무분별한 개발에다

섬진강 전설을 만들어낸 돌두꺼비(위)와 강변
모래에 선명한 수달발자국(아래)

공단과 축산농가에서는 오폐수를 그대로 흘려보내고 또 물막이 수중보를 난립하여 유속이 둔화된데다 댐을 자꾸 세워 담수유입이 감소되었기 때문이다. 특히 강바닥을 뒤집는 골재채취는 어패류의 산란지를 파괴할 뿐만 아니라 부유물 때문에 산소용존도가 낮아져 생태계 사슬을 위협하고 있다. 부유물이 강바닥에 퇴적하면 재첩을 비롯한 패류들이 호흡곤란을 일으켜 폐사할 수밖에 없기 때문이다.

무거워진 발걸음으로, 이제 산수유를 보러 산동으로 간다. 구례읍을 지나 산동면 상위마을까지는 10분 거리. 만복대 골짜기에서 발원한 서시천 계곡이 마을을 끼고 있지만, 근래 지리산 온천이 개발되면서 생태계가 많이 파괴되고 있다. 다행히 산수유 마을은 온천지구를 가로질러 비교적 생태계가 건강한 지리산 중턱에 자리하고 있다.

상위마을은 예전에는 꽤 컸으나 여순사건으로 풍비박산되고 지금은 20여 가구가 오로지 산수유와 고로쇠만 바라보고 사는 산간마을이다.

전설에 따르면, 중국 산둥성의 한 처녀가 지리산으로 시집오면서 산수유나무 한 그루를 가져와 처음 심었다고 한다. 구례의 산동(山洞)과 중국의 산둥(山東)은 모두 산수유 주산지라는 점에서 공교롭다.

봄이면 노란 산수유꽃이 마을을 덮고 가을이면 꽃보다 아름다운 붉은 열매가 온 마을을 덮는다. 마을 돌담과 계곡 여

2월 중순에서 4월까지 피는 산수유꽃은 한데 어우러져 피어서 더 아름답다. 가을에 수확하는 열매의 씨앗은 약방 감초처럼 정력강장제나 보신제로 쓰이고 육질로 술을 담근다.

기저기 산수유가 군락을 이루고 있다. 산수유는 이곳 외에
도 경기도와 충청도 일부까지 올라가 자라고 있지만, 상위
마을이 전국 산수유 생산량의 절반을 차지한다.

산수유는 봄의 전령이다. 흔히 봄을 알리는 꽃으로 매화
를 꼽지만, 산수유도 살얼음이 채 녹기 전부터 꽃망울을 터
뜨린다. 산수유꽃의 아름다움은 낱낱에 있지 않고 한데 어
우러짐에 있다.

또 산수유 열매는 육질은 육질대로 씨앗은 씨앗대로 요
긴하게 쓰인다. 하지만 육질과 씨앗을 분리하는 일이 결코
녹록치 않다. 지금은 기계로 하지만, 몇 해 전만 해도 마을
아낙들이 열매를 이빨로 깨물어 씨앗을 낱낱이 발라내었
다. 그래서 산수유 값이 비쌌다.

교통
서울·부산·광주에서 구례행 직행버스가 있다. 전라선 열차를 타면 구례구
역에서 내린다. 서울에서 밤열차를 이용한 무박 일정이면 딱 알맞다. 구례에
서는 하동 가는 버스가 연이어 다닌다. 완행버스를 타면 원하는 대로 내릴
수 있어서 좋다. 승용차는 구례에서 19번도로를 타면 그대로가 섬진강변 길
이다.

숙식
화개지역에 일신장(055-883-3699) 등 여관이 있고, 동백식당(883-2439),
고소성식당(883-6642) 등 섬진강변 곳곳에 좋은 음식점이 있다. 메뉴는 은
어와 재첩이 제격이다.

기타
산수유는 구례농협(061-782-2052)으로, 야생차는 화개농협(055-883-
4235)으로 연락하면 도움을 얻을 수 있다.

함양 상림의 나무

경남 함양은 남북으로 덕유산과 지리산을 두고, 동서로 영
남과 호남을 둔 전형적인 산간지방이다. 그런 탓에 근대화
의 덕은 크게 받지 못했지만, 산 높고 골 깊어 산수가 아름
답고 문화유산도 고색창연하다. 이런 함양에서도 천년 숲
상림을 빼놓을 수 없다.

함양의 젖줄은 위천이다. 옛날부터 위천은 농업용수로서
함양 뜰을 적시고, 식수원으로서 함양 백성들의 목을 축여
주던 강이다. 그 위천 강둑에 천년의 역사를 지닌 함양 상
림이 있다.

한 지식인의 애민사상이 깃들인 인공숲

상림은 우리나라 천연기념물 숲 가운데 유일한 낙엽활엽수
림이다. 위천 강변을 따라 조성된 호안림(護岸林)으로, 처
음에는 6만 평에 가까운 규모였다고 하나 점차 줄어들어서
지금은 2만 7천 평 정도이다.

이 숲이 관심을 받고 있는 까닭은 우리나라에서 가장 오
래 된 인공숲이라는 데 있다. 전해 내려오는 이야기로는,

이 숲은 죽어서 신선이 되었다는 고운 최치원이 함양태수
로 있을 때 조림한 것이라고 한다. 신라 진성여왕 때의 일
이니 어림잡아도 천년이 넘는다.

당시 위천은 장마철이면 범람하여 함양 백성들의 밤잠을
설치게 하였다. 이를 딱하게 여긴 최치원이 둑을 쌓고 지금
의 위치로 물길을 돌린 다음, 그 둑을 따라 나무를 심어서
대관림(大館林)이라는 이름의 인공숲을 만들었다. 그러다
가 후대에 와서 홍수로 둑의 허리가 잘리고 마을이 들어서
면서 윗숲[上林]과 아랫숲[下林]으로 갈라졌다. 하림 지역
은 그후 마을이 들어서서 흔적만 남아 있고, 상림은 지금도
함양의 명물로 보존되고 있다.

옛 풍수가들은 물은 나무로 다스린다고 했다. 상림의 풍
수는 실용 풍수로서, 물을 다스리는 득수법(得水法)으로 조
성된 숲이다.

최치원은 상림 숲을 조성하여 물을 다스리고 나아가 백

천년 숲 상림의 젖줄, 위천. 해발 621미터의 백
암산에서 발원한 위천은 함양고을을 감싸안듯
흘러서 남강으로 들어간다.

성들의 삶터였던 비옥한 땅을 지켜냈다. 그는 무너져 가는 하대의 신라를 고뇌했던 대표적인 지식인이자 망조가 든 나라의 백성을 홀로 사랑한 목민관이었다. 이곳 상림은 그의 애민사상이 친환경적으로 구현된 역사의 유산이다. 그러나 신분의 벽을 뛰어넘지 못하고 결국 가야산 홍류동 계곡에 짚신 두 짝만 남겨놓고 신선이 되어 사라진 최치원, 그의 비운을 생각하면 이 숲의 의미는 더욱 깊다.

계절 없이 아름다운 상림

작은 주차장이 있는 상림 입구에 들어서면 숲이 써늘하도록 우거져 있다. 최치원 이후 인간의 간섭 없이 잘 보존되어 온 숲이다. 인공숲임에도 불구하고 천연덕스럽도록 자연스럽다. 도무지 인간이 만든 숲이 아니다. 한 뼘 높이의

함양 상림의 오솔길. 상림은 해발 240미터의 들녘 한가운데 약 1.4킬로의 띠 모양으로 이루어진 숲이다. 1961년 천연기념물 제154호로 지정되었다.

철책들과 안내판을 빼면 인간의 손길을 별로 찾아볼 수 없다. 그래서 원시림에 버금가는 신선의 숲이라고들 한다.

그렇다고 상림의 나무들이 모두 1천 년의 나이를 먹었다는 이야기는 아니다. 할아버지나무가 아들나무를 낳고 아들나무가 손자나무를 낳고 해서, 천년의 대(代)를 이어온 것이다. 식생천이로 해서 지금의 나무들은 거의가 100~200년생이며, 개중에는 500년을 어림잡는 노목도 눈에 띈다.

몇 년 지난 자료이긴 하지만, 이 숲의 식솔들은 모두 114종 2만 그루라고 한다. 침엽수와 아카시아나무 같은 외래종도 몇 그루 눈에 띄지만, 숲의 주인은 우리 토종 낙엽활엽수들이다. 그리고 이 낙엽수들의 좌장은 숲의 절반 가까이 차지하고 있는 참나무류와 서어나무류이다.

서어나무류는 극상림을 구성하는 나무이다. 천이의 마지막 단계를 나타내는 종을 극상종이라 하는데, 토양이 비교적 기름지고 수분이 적당해서 토양이 안정되었을 때 나타나는 나무이다. 한때 남산에도 그득했으나, 땅심이 없어지면서 사라졌다.

서어나무는 봄날의 새빨간 새순과 가을날 잎이 진 뒤 더욱 드러나는 잿빛 근육질 줄기가 인상적이며, 개서어나무는 잎사귀에 털이 보송보송 나 있다.

참나무류도 극상림에 가깝다. 흔히 참나무라고 하지만, 정확히 말하자면 참나무라는 이름의 나무는 없다. 떡갈, 굴피, 굴참, 졸참, 신갈, 갈참, 상수리를 두루 참나무라고 부른다. 이 숲에는 참나무류 가운데 갈참과 졸참 나무가 가장 많다.

서어나무(위)와 신나무열매(아래)

야광나무꽃(위)과 말채나무(아래)

숲의 상층은 까치박달나무, 회화나무, 쉬나무, 고로쇠나무, 좁은단풍나무, 신나무, 은백양, 고나무, 느티나무, 야광나무, 다름나무, 말채나무, 물푸레나무, 이팝나무, 참오동, 물갬나무 같은 덩치 큰 나무가 차지한다.

중간층에는 개암나무, 백동백나무, 좀깻잎나무, 꾸지뽕나무, 산뽕나무, 고랑나무, 국수나무, 복사나무, 윤노리나무, 콩배나무, 자귀나무, 초록싸리, 풀싸리, 참싸리, 싸리, 산초, 사람주나무, 붉나무, 개옻나무, 고추나무, 때죽나무, 화살나무, 회잎나무, 보실수나무, 능수버들, 산수유나무, 노린재나무, 쪽동백나무, 쥐똥나무, 작살나무, 누리장나무, 병꽃나무, 백당나무, 들꿩나무 등이 자리잡고 있다.

그리고 이들의 그늘 아래에서는 키 작은 진달래, 멍석딸기, 복분자딸기, 찔레꽃, 칡, 노박덩굴, 새머루, 왕머루, 개머루, 까마귀머루, 담쟁이덩굴, 인동덩굴, 계요등, 청가시덩굴, 박태기나무, 배롱나무, 탱자나무 등이 한세상을 살아가고 있다.

물론 천년 전 최치원이 이토록 다양한 수종을 모두 다 손수 심은 것은 아닐 터이다. 어쩌면 이 숲에 자연적으로 들어와 뿌리내린 나무가 더 많을 것이다. 그리고 식생이 건강한 것도 사람이 일일이 정성 들여 가꾼 덕분만은 아닐 터. 숲을 에워싸고 흐르는 위천과 개울이 숲을 촉촉하게 적셔주고, 오랜 세월을 숲 스스로가 낙엽을 떨어뜨려 토양을 기름지게 만들어온 덕분일 것이다.

상림은 계절 없이 아름답다. 이른봄의 신록, 여름날의 짙푸른 녹음, 꽃보다 아름다운 가을단풍, 눈 덮인 겨울설경…

애민사상이 곧 자연사랑임을 보여주는 상림. 그리고 상림은 오랜 세월 스스로 자신들을 가꾸어 자연과 사람을 풍요롭게 해주었다.

특히 나무들이 꽃을 피우는 5, 6월이면 숲속은 코가 아릴 정도로 꽃향기가 그득하다.

나무는 많은 꽃과 열매를 맺는다. 긴 수명까지 고려한다면, 나무만큼 다산(多産)하는 생명체도 없을 것이다. 그래서 나무는 풍(豊)의 상징이다. 함양고을이 대대로 풍요를 누리고 뛰어난 인재를 많이 배출한 것도 상림 덕이 아니라고 할 수는 없을 게다.

그러면서도 한 가지 고개가 갸우뚱해지는 것은, 이 숲에 소나무와 대나무가 별로 눈에 띄지 않는다는 사실이다.

역시 전해져 내려오는 이야기에 따르면, 최치원이 태수직을 마치고 함양을 떠날 때 손수 나무를 심으면서 쓰던 금호미를 숲속 나뭇가지에 걸어두고는 "뒷날 이 숲에 송죽(松竹)이 절로 나면 내가 이 세상을 떠난 줄 알라"고 했다 한다. 그후 숲에 송죽이 자란 것을 보고 백성들은 그가 신선이 되어 등천했다고 믿었다. 이 전설을 액면 그대로 받아들인다면, 애초에 최치원은 이곳에다 소나무와 대나무는 심지 않았던 모양이다.

사람도 나무도 대가 끊어지면 비극이거늘

인공으로 돌렸다는 물길이 숲 가장자리로 나 있다. 개울에는 몇 개의 다리가 걸려 있고, 개울 깊이는 물장난 치고 있는 개구쟁이들의 허리쯤이다. 수질도 비교적 좋아 보이고, 갯버들 그림자가 드리워진 곳에는 민물고기 몇 종류도 왔다갔다한다.

이 개울은 원래 최치원이 머물었을 당시에는 없었던 농수로였으나, 지금은 숲과 그런 대로 잘 어울리고 있다. 개울물이 숲지대로 넘어 들어가는 것을 막기 위해 호박돌로 둑을 쌓았다. 상림을 자연학습장으로 활용하려면, 이 개울가에 습지식물과 수생식물들을 풀어놓으면 더욱 좋을 것이다.

휴일이면 많은 사람들이 숲을 찾아와 더러는 바둑도 두고 더러는 신문도 본다. 아이들은 아이들대로 삼삼오오 짝을 지어 산책을 한다. 일제 때 만들었다는 운동장이 폐쇄되고 체육시설이나 편의시설도 철거되어 숲이 제 모습을 조금씩이나마 찾고 있어서 다행이다. 그렇다고 전혀 문제가 없는 것은 아니다.

나이 탓인지 곳곳에 노목들은 병색이 완연하다. 특히 노목 아래 어린 손자나무들이 눈에 띄지 않는 것이 불안하다. 어린

상림 안에 조성된 연못, 연지

손자나무가 자라지 못하는 것은 노목 아래서 텃세를 부리고 있는 조릿대군락 때문이다. 조릿대군락은 다른 어린 나무들이 싹을 틔우지 못하게 훼방을 놓으며 야금야금 땅을 넓혀가고 있다. 나무도 사람처럼 대가 끊어지는 것은 큰 비극이다.

위천과 숲 사이 길가의 나무들은 지나다니는 차량이 내뿜는 먼지와 소음으로 곤욕을 치르고 있어서 보기에 딱하다. 시민들이 너무 밟고 다녀서 시멘트바닥마냥 단단해진 산책로와 광장도 눈을 아프게 한다. 게다가 청소를 한답시고 산책로의 낙엽들을 죄다 쓸어버려서 토양이 말이 아니다.

그래서 일부에서는 숲을 철책으로 둘러치고 일반인들의 출입을 금지시키자는 의견도 있지만, 지금 당장 숲을 폐쇄하기보다는 자연학습장으로 만들면 어떨까 싶다.

또 한 가지, '조류보호구역'이라는 팻말이 무색할 정도로 조류의 다양성과 개체수가 변변치 않은 것이 아쉽다. 조류라고는 기껏해야 박새, 멧비둘기, 딱따구리, 꾀꼬리 등이며, 포유류라고 해봐야 다람쥐 정도가 고작이다. 먹잇감인 곤충과 열매가 적어서인가….

문화유산 답사까지 곁들이니

숲 한가운데 최치원의 신도비가 있다. 비신을 받치고 있는 귀부(龜趺)가 약간은 조잡해 보이지만, 거북의 인상은 매우 후덕하다. 숲속에 깃들인 것은 하나같이 자애롭고 후덕하다.

신도비 가까이에는 사운정이 앉아 있다. 그 옛날 시인 묵객들이 올라앉아 음풍농월했던 정자이다. 정자 안에 시 편액이 걸려 있어 심심파적 읊어보니 '꾀꼬리' '학' '오리' '붕

1923년 후손들이 최치원의 애민사상을 기리며 세운 신도비

어' 등이 나온다. 다행히 천년 전 고인들이 노래했던 그것들이 아직도 숲과 위천에 건재하다.

연못 가까이에 함화루가 덩치 좋게 서 있다. 이 숲에서는 가장 큰 인공물이다. 누각에 오르면 멀리 지리산이 보인다고 해서 원래는 망악루라 했다지만, 원래 제자리는 아닌 것 같다. 본디 옛사람들은 숲속의 집은 나지막하게 지었다. 숲 꼭대기로 용마루가 솟아오르는 것을 좋아하지 않았던 것이다. 아니나다를까 가지고 간 자료를 펴보니 원래 읍성의 성문이었던 것을 일제시대 때 옮겨놓았다고 한다.

길가에는 벼슬아치들의 송덕비가 산지기처럼 줄지어 서 있다. 대개 송덕비란 이임하는 벼슬아치들이 백성들에게서 혈세를 우려내어 세운 자화자찬의 징표가 대부분인데, 이곳의 송덕비는 그 동안 숲을 망가뜨리지 않고 관리해 준 공로가 느껴져서 은근히 고맙기까지 하다.

이 밖에도 숲속에는 함양 이은리에서 옮겨온 석불과 대원군 때 세운 척화비 같은 문화유산이 마치 본래 그 자리에 있었던 것마냥 시침을 뚝 떼고 천연덕스럽게 앉아 있다.

함양에 와서 상림만 보고 가면 도천리 숲이 섭섭해한다.

상림에서 불과 5분 거리인 도천리 숲은 풍수 숲이다. 마을 앞이 틔어 함양뜰이 내다보이면 좋지 않다고 해서 수구막이로 조성했다고 한다. 일테면 나쁜 기운이 들어오지 못하도록 숲을 조성하여 마을 울타리로 삼은 것이다.

중층 다락구조에 팔작지붕을 얹은 함화루

　도천리 숲은 활엽수도 있지만, 솔밭이 더 멋이 있다. 도천리 소나무는 마치 준수한 용모의 양반이 큰 갓을 쓰고 마을 앞에 나와 있는 것처럼 잘생겼다. 한때 소나무좀 같은 해충의 피해로 상처를 많이 입었지만, 소나무 한그루 한그루가 저마다 개성이 있다. 숲속에 세한정(歲寒亭)이라는 정자까지 있어서 도천리 소나무는 가히 추사의 세한도를 연상케 한다.

　함양은 양반고장답게 곳곳에 정자가 많다. 전성기 때는 정자가 무려 150개를 헤아렸다고 한다. 특히 덕유산 남쪽 계곡인 화림계곡은 풍광도 좋거니와 예부터 '팔담팔정(八潭八亭)'이라 하여 누정이 즐비해 있었던 곳이다.

　영남지방의 정자가 대개 그렇듯이 이곳의 정자도 산수 좋은 계곡을 끼고 있다. 전라도 무등산 주변의 정자들과는 사뭇 분위기가 다르다. 한마디로 호쾌하고 시원하며 미끈하다.

교통
서울·부산·대구·광주에서 함양까지는 직행버스 노선이 열려 있다. 승용차는 88고속도로에서 함양인터체인지로 들어간다. 상림은 군청을 지나 위천 강가에 있다.

숙식
상림 가까이에 상림장(055-963-1178), 사내장(963-1500)이 있고, 별궁장(963-7980)에서는 식사도 된다.

기타
숲과문화연구회 국민대 전영우 교수(02-910-4811/2)에게 연락하면 식생에 관한 도움을 얻을 수 있을 것이다.

공룡들의 1억년 만의 외출
고성 공룡유적

공룡들의 마을 '쥐라기 공원'은 바다 건너 남의 나라에만 있는 게 아니다. 우리가 발 딛고 사는 바로 이 땅이 쥐라기 공원이었다는 것을 아는 사람은 그리 많지 않다. 아마 1억 년 전 우리 남동해안 바닷가에서 공룡들이 노닐었다는 사실이 밝혀진 것이 얼마 되지 않아서일 것이다.

남해안의 덕명리 바닷가 일대는 브라질, 캐나다 지역과 더불어 세계 3대 공룡마을로 손꼽히는 지역이다.

지금은 사천시로 바뀐 삼천포 시내에서 고성으로 가는 1010번 지방도로를 타고 10킬로쯤 달리다 보면 바다로 난 한적한 시골길이 나온다. 공룡마을은 그 낮은 고갯길을 넘어 5분 남짓한 거리에 있다.

천고의 공룡흔적이 모습을 드러내기까지

지구가 처음 생성된 것은 약 45억 년 전, 그리고 지상에 생명체가 살 수 있는 조건이 형성된 것은 약 10억 년 전이라고 과학자들은 보고 있다. 지구의 역사는 흔히 원생대·고생대·중생대·신생대로 나누는데, 공룡이 설치던 시대는 중생대 쥐라기이다. 쥐라기 때 이 앞바다는 일본까지 연결된 거대한 호수였고, 지금은 바닷가가 된 그 호숫가에는 드넓은 진흙이 깔려 있었다. 호숫가를 드나들며 살고 있던 공룡들은 진흙바닥에 수많은 발자국을 남기고는 지구상에서 영원히 사라지고 말았다. 다시 수많은 세월이 흐르면서 공룡들의 발자국 위로 다른 퇴적물이 덮였고, 그후 이 지역은 바다로 변해 퇴적층은 바닷속으로 들어갔다. 인류가 세상에 모습을 드러내기도 전인 저 먼 옛날의 일이다.

그리고 다시 오랜 세월이 지나 바닷속에 가라앉아 있던 퇴적층들이 지각활동으로 융기되면서 드러나기 시작했다. 파도에 의해 퇴적물들이 벗겨지자 비로소 천고의 공룡흔적들이 모습을 드러낸 것이다.

이곳 지형이 밥상다리를 닮았다고 해서 상족암이라고 한다지만, 머나먼 자연사의 발자국〔上古之足迹〕이라는 해석이 더 걸맞게 다가온다.

1982년 겨울, 경북대 지구과학교육과 팀이 남해안에서 지질조사를 하다 발견한 공룡마을. 경상남도 고성군 하이면 덕명리 바닷가 일대는 세계 3대 공룡마을의 하나이다.

공룡박물관보다 더 실감나는 자연사 현장

'상족암군립공원 입구'라는 안내판이 수문장처럼 서 있는 바닷가 언덕을 넘어서면 다도해 한려수도가 표구되지 않은 한 폭 그림으로 다가온다. 그 그림 왼쪽으로는 모래밭이 펼쳐져 있고, 오른쪽으로는 야트막한 절벽언덕 아래 게딱지 같은 마을이 앉아 있다. 그리고 포구 옆으로는 파도에 말갛게 얼굴이 씻긴 드넓은 암반들이 자리하고 있다.

상족암에서 실바위에 이르는 이 해안에는 현재 어림잡아 3천 개를 웃도는 공룡 발자국이 나 있다. 공룡 한 마리가 세 걸음을 간 보행렬(步行列)만도 200개가 넘는다. 게다가 당시 공룡과 함께 살았던 익룡들의 발자국까지 곳곳에 흩어져 있다. 공룡조형물을 전시해 놓은 여느 박물관보다 더 실감나는 자연사의 현장이다.

공룡 유적탐사는 몇 척의 통통배가 정박해 있는 상족암 포구에서부터 시작된다.

포구 앞 절벽은 마치 책을 쌓아올린 듯한 퇴적암 단층으로 이루어져 있는데, 높이가 무려 20미터나 된다. 변산반도의 채석강을 연상케 하는 이 지층은 중생대 백악기에 형성된 경상계 지층으로서 우리나라 동남부 해안에서 심심찮게 볼 수 있다. 바로 이 퇴적암 단층이 이 일대를 공룡마을로 만든 것이다.

포구와 이어진 드넓은 흑갈색 퇴적암반은 오랜 세월 파도에 씻겨 바닥의 결이 무척이나 곱다. 간만에 따라 파도가 넘나드는 암반 위에는 크고 작은 공룡 발자국들이 여기저기에 선명하다. 마치 어린아이들이 진흙 위에 찍어놓은 손

해변이 그대로 자연사 현장인 상족암 해변(위)
마치 진흙에 찍어놓은 듯 암반 위에 선명한
공룡 발자국(아래)

바닥 자국 같다. 썰물이 막 빠져나간 뒤라 발자국마다 물이 한 움큼씩 고여 있고, 그 작은 웅덩이마다 하늘이 파랗게 고여 있다.

상족암 일대에 남아 있는 이 발자국들이 공룡의 것이라는 확증은 중생대 백악기에 생존했던 동물 가운데 이 정도 크기의 발을 가진 동물이 공룡밖에 없기 때문이다. 설령 그렇다고 해도, 1억 년 전의 발자국이 여태껏 남아 있다는 것이 도무지 믿어지지 않아 고개를 갸우뚱하던 이들도, 발자국들이 무질서하지 않고 일정한 보폭을 지니며 어디론가 향하고 있는 것을 확인하고는 비로소 고개를 끄덕인다. 더욱이 크기와 생김새가 비슷한 것들끼리 무리짓고 있는 것을 보면 의아심은 일순간에 감동으로 변한다.

발자국마다 한 움큼씩 고인 물 속에는 파란 하늘이
발자국이 나타나는 지층은 약 150센티에 이른다고 한다. 이 정도의 퇴적물이 쌓일 만큼 오랜 세월 이 지역에 공룡이 살았다는 뜻이다.

암반 위에 남아 있는 공룡 발자국도 각양각색이다. 방금 물 속에서 나온 개구쟁이 공룡의 발자국도 있고, 여름날 따가운 햇살을 피해 아기공룡을 데리고 그늘기슭으로 올라간 엄마 발자국도 있다. 끼리끼리 씨름이라도 하고 놀았는지, 여러 모양의 발자국이 한데 엉킨 곳도 있다.

발자국은 암반에만 있는 것이 아니다. 물 속 경사진 암반에도 발자국이 남아 있다. 밀물 때가 되면 발자국들은 물 속 깊이 침잠했다가 썰물 때면 드러난다. 마치 아기공룡이 먹을 감다가 올라오는 듯한 장면이 저절로 그려진다.

뱀강(綱)에 속하는 공룡은 중생대 트라이아스기부터 백악기 말기까지 살다가 사라진 동물이다. 공룡은 골반의 모양에 따라 용반목(龍盤目)과 조반목(鳥盤目)으로 나눈다. 용반목은 파충류처럼 골반을 이루는 뼈가 세 방향으로 퍼져 있으며, 조반목은 새처럼 골반이 앞뒤로 뻗어 있다. 용반목은 다시 수각룡과 용각룡으로 나누는데, 수각룡은 앞다리가 짧은 육식성이고 용각룡은 네 발로 걷는 초식공룡이다. 또 조반목은 검룡, 각룡, 곡룡, 조각룡으로 나눈다. 검룡은 초식공룡으로 꼬리에서 목까지 마치 지느러미 같은 뼈가 툭 튀어나와 있으며, 곡룡은 거북처럼 등이 판판하고, 각룡은 이름 그대로 머리에 뿔이 나 있고, 조각룡은 두 발로 걷는 초식공룡이다.

발자국도 저마다 모양과 크기가 다르다. 발자국만으로

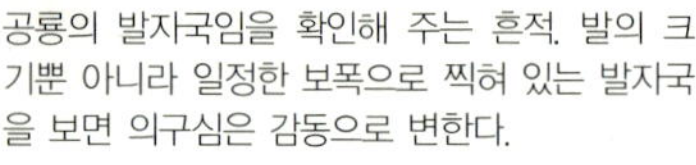

공룡의 발자국임을 확인해 주는 흔적. 발의 크기뿐 아니라 일정한 보폭으로 찍혀 있는 발자국을 보면 의구심은 감동으로 변한다.

당시 공룡들의 이름표를 붙이기는 어렵지만, 걸음걸이의
폭이라든가 발자국의 크기와 모양으로 대략의 추정은 가능
하다.

무려 1미터나 되는 발자국의 주인공은 용각룡으로 추정
되는데, 아파토사우루스 혹은 브론토사우루스, 브라키오사
우루스가 그 주인공이라고 한다.

이구아노돈 같은 조각룡은 발자국 크기가 코끼리 발자국
과 비슷한 40센티미터 정도이며 두 발로 걸었다.

지름이 20~30센티이고 삼지창처럼 생긴 발자국은 데이
노니쿠스, 티라노사우루스, 알로사우루스 같은 수각룡들의
것이다. 육식성이라 성질이 포악하고 공격적인 수각룡은
발톱이 날카로워서 대개 삼지창처럼 생긴 발자국을 남겼으
며, 캥거루처럼 앞발을 들고 두 발로 빠르게 걸어다녔기 때
문에 비교적 보폭이 넓다. 대개의 맹수들이 그렇듯이, 육식

영화 〈쥬라기공원〉으로 더욱 익숙해진 브론토
사우루스, 브라키오사우루스, 알로사우루스,
티라노사우루스, 이구아노돈 등이 이 발자국
들의 주인공이다.

공룡 발자국의 주인공은 보폭, 크기, 모양으로 대략 추정이 가능하다. 몸길이가 30미터 무게가 30톤에 이르는 용각룡의 발은 1미터, 몸길이가 2미터 가량으로 추정되는 조각룡의 발크기는 약 40센티, 그리고 공격적인 수각룡 발자국은 20~30센티에 삼지창 모양이다.

공룡은 무리짓지 않고 혼자 돌아다니므로 다른 공룡들에 비해 발자국을 많이 남기지 않았다.

공룡들의 발자국을 따라 바윗길을 돌아가면 갯가사람들이 용굴이라고 부르는 동굴 두 개가 있다. 공룡을 상상해서 지은 것도 아닌데 이름이 절묘하게 맞아떨어진다.

용굴은 중생대에 지각변동으로 융기한 퇴적암이 바닷물에 깎여서 생긴 일종의 해식 동굴이다. 입구는 두 사람 정도 겨우 지나다닐 수 있는 규모이지만, 그 안에 들어가면 수백 명이 너끈히 앉는 광장이 있다. 이 용굴 안에 깔린 암반에도 공룡 발자국들이 남아 있다. 발자국 모양과 크기가 일정한 것을 미루어 아마도 같은 종류의 공룡가족들이 집단 서식했을 법도 하다.

방치되어 있는 고귀한 자연사 유적

상족암 일대는 다도해의 절경이다. 시원하게 트인 수평선과 눈맛 나는 해안선, 바닷가의 기암과 절벽, 파도에 씻긴 자갈밭과 눈부신 모래밭, 풍부하고 다양한 해산물… 게다가 이곳 사람들의 질박한 삶의 풍정까지 한데 어울려 여행의 맛을 더해 준다.

규모는 작지만, 공룡마을은 이곳말고도 여러 곳에 남아 있다. 암각화로 유명한 경남 울산 천전리, 세계 최대의 익룡 발자국이 있는 전남 해남 우황리, 세계 최대의 공룡 발자국이 발견된 경남 마산 영도리, 용각류가 대부분인 경남

마산 고현리 등지가 있다. 남해안과 동해안의 퇴적암 지역이라면 앞으로도 얼마든지 발견될 수 있을 것이다. 육지의 유적으로는 경북 의성 제오리에 300여 개의 공룡 발자국 화석이 남아 있다.

다만 한 가지 아쉬운 점은, 1억 년의 고귀한 자연사 유적에 대한 보전대책이 미흡하다는 것이다. 파도에 의한 자연적 훼손과 관광객들에 의한 인위적 훼손에 대한 방비책이 전혀 없다시피 하다. 방파제라도 둘러쌓아 자연적인 마멸을 막고, 관리규정을 두어서 관광객들이 공룡 발자국을 함부로 밟고 다니지 못하도록 해야 할 것이다.

또 상족암은 행정상으로는 고성군에 속하지만, 거리로 보면 사천이 훨씬 가깝다. 그러다 보니 사천시민들이 더 많이 찾고, 외래 관광객들도 거의 사천에서 숙식을 해결한다. 그럼에도 불구하고 관리는 고성군이 맡고, 사천시는 팔짱

만 끼고 있다. 재주는 곰이 부리고 돈은 엉뚱한 사람들이
챙겨간다고 고성 사람들은 씁쓸해한다.

봄이 바다 건너서 온다기에 남녘바다로 내려갔다가 봄
처녀는 못 만나고 공룡무리를 만나 바닷가에서 물장구나
치며 놀다가 돌아왔다.

덕명리 해안을 다녀온 날의 일기 한 구절이다.

교통

서울 · 부산 · 진주 · 대구 등에서 사천(삼천포)행 버스가 있다. 열차나 비행
기는 진주에서 내려 사천행 버스를 탄다. 승용차는 남해고속도로 사천인
터체인지를 나와서 3번국도를 타고 약 40분 가면 사천이다. 사천에서 상
족암까지는 2시간 간격으로 시내버스가 있고, 택시요금은 8천원 안팎이
다. 고성행 시외버스를 타면 월흥리 상족암 입구에서 내려 30분 가량 걷
는다.

숙식

상족암에는 민박집밖에 없다. 조금 떨어진 곳에 상족장(055-834-6225)
이, 사천 시내에 뉴삼화(832-9711) 등 숙박시설이 많다. 또 상족암에는 횟
집(834-5646) 정도가 있으며, 사천시내나 용현 쪽으로 나오면 굴항집
(833-2831), 해원장(854-4433) 등 맛깔나게 하는 식당이 많다.

기타

반드시 물때를 알고 가야 한다. 그렇지 않으면 썰물 때까지 기다려야 한
다. 상족 이장댁(834-5819)으로 연락하면 물때와 민박 등의 도움말을 받
을 수 있을 것이다.

가야산의 나무를 찾아서

불교는 숲의 종교이다.

숲은 영적(靈的)인 환경을 만들어낸다. 숲은 모든 것들이 태어나고 숨을 고르는 생명의 공간이다. 모래와 바람과 강렬한 태양뿐인 사막은 사색과 명상을 허용하지 않는 죽음의 공간과도 같다.

불교는 불타라는 한 위대한 각자(覺者)로부터 시작된 종교이다. 왕자로 태어난 그는 세속적인 삶을 포기하고 수행자의 길을 선택하여 마침내 깨달음을 얻은 위대한 각자이다.

그런데 놀라운 사실은, 불타의 성스러운 일생이 항상 숲과 함께하였다는 점이다. 그는 숲속에서 태어나 숲속에서 깨달음을 얻고 숲속에 집을 지어 제자들을 가르쳤으며, 마침내 숲속에서 열반에 들었다. 가히 숲의 성자(聖者)라 할 만하다.

이번 생태기행은 숲이 좋은 절집 가야산 해인사로 떠난다.

절집은 숲을 지키는 마지막 산막
가야산은 덕유산으로 남하하기 직전에 동쪽으로 뻗은 백두

대간의 지붕이다. 경상남북도와 전라북도가 만나는 삼봉산
에서 수도산-단지봉-좌일령-두리봉을 차례로 만들면서
주봉인 상왕봉(1430)에 이르러 연꽃 봉오리처럼 솟아 있다.
여기서 가야산 정기는 다시 방향을 바꾸어 남쪽으로 내달
아 별유산, 비계산, 두무산, 오도산, 황매산 등 1천 미터가
넘는 서부경남의 산간을 만들어내고 있다.

풍수 하는 사람들 사이에서 가야산은 육산으로 알려져
있다.『택리지』에도 "가야산 기슭은 기름져서 종자 한 말을
뿌리면 소출이 백이삼십 말이나 된다"고 씌어져 있다.

대구에서 해인사를 향해 달리면 도로변에 회연서원이 보
인다. 조선 광해군 때의 유학자 한강 정구(鄭逑)의 학문과
덕행을 추모하기 위해 세운 서원이다. 회연서원 경내와 주
변에는 느티나무를 비롯한 낙엽 지는 활엽수들이 많아서
특히 가을 정취가 좋다. 마당 가득 쌓인 낙엽을 밟는 운치

대구에서 33번국도를 타고
성주를 거쳐 해인사 쪽으
로 약 20분 가면 회연서원
이 있다. 가을이면 이곳 느
티나무의 낙엽이 마당 가
득 쌓여 그 정취가 더할 수
없다. 느릅나뭇과 낙엽교목
인 느티나무는 줄기가 굵
고 가지를 많이 쳐 잎이 무
성하며 봄에는 좁쌀만한
노란 꽃이 핀다.

는 더할 수 없다.

느티나무는 소나무를 제치고 우리의 밀레니엄 나무로 정해진 나무이다. 은행나무에 버금가는 노거수이기도 한 느티나무는 마을의 당나무나 정자나무로 우리의 정서 속에 깊숙이 뿌리내리고 있다. 또 회화나무와 함께 궁궐에도 많이 심어져, 중국 주나라 때 삼공정승들이 이 나무 아래에서 국정을 논했다는 고사가 있다. 그래서인지 조선조 때 유교가 융성해지는 것과 발맞추어 서원과 향교에 느티나무가 집중적으로 심어졌다. 아마 서원에서 공부하는 청년유생들에게 입신양명해서 삼공정승이 되라는 교육적인 뜻도 담겨 있었을 것이다.

느티나무는 가지를 많이 쳐서 잎이 무성하여, 녹음도 아름답지만 황갈색으로 물든 단풍도 여간 아름답지 않다. 잎을 떨구었을 때도 품위 있는 줄기와 잔가지가 아주 미학적이다. 또 예전에는 가을에 익는 까만 열매를 먹으면 흰머리가 검어진다고 해서 노인들이 즐겨 약용했다. 아마도 수명이 긴 나무여서 그랬던 것도 같다. 느티나무 목재 또한 고급목재로 알려져서, 사대부 집안에서는 이것으로 집을 짓거나 가구를 짰다.

다시 가야산으로 내달리면 백운리 마을을 지나게 된다. 마을 이름에서 풍기듯이 마치 흰구름을 이고 있는 듯 희끗희끗한 화강암 봉우리들이 병풍처럼 둘러치고 있다. 그 아래로 경사가 거의 없는 부드러운 산기슭이 내려와 있는데, 한때 해인골프장 건설 문제로 시끌시끌했던 곳이다. 다행히 뜻있는 이들이 여러 해 동안 끈질기게 싸운 덕분에 간신

백운리 마을을 병풍처럼 둘러싸고 있는 가야산의 화강암 봉우리들은 흰구름을 이고 있는 듯하다.

·히 지켜냈다.

산길로 들어서면 소태나무, 고광나무, 두릅나무, 박쥐나무, 생강나무, 조팝나무, 잣나무, 떡갈나무, 졸참나무, 조록싸리, 땅비싸리, 때죽나무, 쪽동백, 노각나무, 감탕나무, 대팻집나무 등 갖가지 나무들이 어우러져 있다. 터만 남은 심원사지 부근의 자연늪에서는 꽃창포, 갯버들, 사초, 고마리 같은 습지식물들까지 관찰된다. 그뿐인가, 이 산 저 산으로 마실 다니는 고라니며 멧토끼들도 탐방객들의 눈맛을 즐겁게 해준다.

이 언저리에 골프장이 들어섰더라면 어찌 되었을 것인가. 생각만 해도 아찔하다. 가야산을 지켜내기까지에는 해인사 스님들의 힘이 컸다. 하지만 당연한 일이다.

수행자는 산지기다. 수행자에게 산을 잃는 것은 곧 수행처를 잃는 것이기 때문이다. 불교가 이 땅에 들어온 이래 많은 수행자들이 산을 지키고 숲을 키워온 것도 그런 이유에서다.

야천 삼거리를 지나면 왼쪽으로 다리를
건너 청량사로 길이 나 있다. 청량사-매화
산-남산제일봉으로 이어지는 등산로이다.
보물로 지정된 석조여래상과 삼층석탑, 석
등을 품에 안고 있는 청량사 매화산 기슭은
소나무가 8만 4천 나한처럼 울울창창하다.

전통적으로 이 땅의 수행자들은 숲속에
다 절집을 지었다. 전국토의 70퍼센트가 산
지라는 이유도 있겠지만, 무엇보다 중요한
것은 숲이 가진 영성(靈性) 때문이다. 거기다 몇 가지 역사
적 개연성을 보탠다면, 토착화 과정에서의 산악신앙 습합,
사찰의 산천비보설(山川裨補設), 조선조의 숭유억불 정책
같은 외적인 요인도 작용했을 것이다.

그러나 극단적으로 표현하자면, 절집은 숲의 파괴를 전
제로 한다. 숲을 망가뜨려야만 터를 닦을 수 있고 나무를
베어야만 집을 지을 수 있으니, 그런 지적은 당연하다.

하지만 수행자들의 노력으로 우리네 전통적인 절집은 지
금껏 명산의 숲속에 그대로 남아 있다. 산꼭대기에서 내려
다보면, 절집 주위는 어디나 잘 보존된 숲이 감싸고 있다.
지리산의 많은 절들이 그렇고, 설악의 여러 암자들이 숲과
함께 건강하게 남아 있다.

이곳 청계사도 예외는 아니다. 이것은 오랜 세월 동안 숲
과 절집의 생태적 조화와 공생적 병립이 꾸준히 이어져 왔
음을 의미한다. 그래서 절집은 숲을 지키는 마지막 산막(山
幕)이다.

최치원의 전설을 간직한 홍류동 계곡. 최치원
은 신라의 멸망을 눈앞에 두고 이 계곡에 짚
신 두 짝만 남겨놓고 신선이 되었다는 전설이
있다.

가장 자연적인 것이 가장 과학적이거늘

가야산의 진면목은 홍류동 계곡에서부터 시작된다. 신라 말에 고운 최치원이 짚신 두 짝만 남겨놓고 신선이 되었다는 이 계곡길을 걷노라면 코가 싸할 정도로 솔향기가 짙다.

가야산은 소나무의 산이라고 할 만큼 소나무가 많다. 농산정에서부터 해인사 주차장에 이르는 계곡은 온통 소나무 숲이다.

소나무는 대체로 습한 곳을 싫어한다. 그러나 홍류동 계곡은 토질이 바위나 자갈, 모래가 많아 척박하기 때문에 참나무들이 가까이 접근하지 못하고 대신 소나무가 그 자리를 차지한 것이다. 계곡의 소나무는 수령이 70년을 웃돌지만, 다른 곳의 소나무보다는 비교적 더디게 자란 편이다.

물가의 바위에 걸터앉아 잠깐 한 편 시라도 기억해 낼 수 있다면 좋을 것이다.

홍류동 계곡의 소나무. 계곡에는 수령 70년이 넘는 소나무들이 들어차 있다.

산과 산이/서로 좋아라 끌어안고
내〔川〕를 흘려/체액을 나누는
기막힌 합방/속
새새끼가 난다

젊은 시인 박완호의 시였던가. 잊어버린 제목은 애써 떠올리지 않아도 좋을 것이다. 산과 산이 암컷과 수컷이 되어 끌어안고 사랑을 나누고 그 감미로운 체액이 골짝물이 되어 흐르고 그 사랑의 씨앗이 한 마리 새로 태어나고….

어디 새뿐이겠는가. 가을을 여는 풀벌레며, 물살 타고 촐

랑대는 물고기들이며 모두가 산과 산의 사랑으로 태어난
자식들이다. 참으로 오묘한 자연이다. 그 자연을 시인은 빛
깔 좋은 언어로 다시 창조해 낸다.

홍류동 계곡을 따라 해인사까지는 3킬로 남짓하다. 대개
는 차를 타고 쓰윽 지나치고 말지만, 산책하듯 걸어가면 계
곡길 주변에서 솔향기가 밴 아름다운 단풍을 만날 수 있다.

큰길에서 해인사로 들어가는 샛길도 단풍숲길이다. 이미
잎을 떨구고 선 오리나무와 대팻집나무, 신갈나무, 노각나
무, 느릅나무, 물푸레나무, 졸참나무, 당단풍, 참개암나무,
개옻나무, 산앵두나무, 참회나무, 붉나무가 곱게 단풍이 들
고 있다.

단풍은 기온이 한자리 숫자로 떨어지면서부터 진행된다.
안토시아닌이 새로 생겨 노란 카로틴과 섞이면서 나뭇잎이
붉게 물드는 것이고, 엽록소(잎파랑이) 때문에 드러나지 않
았던 노란색의 카로틴과 진노랑의 크산토필 색소가 나타나

가야산의 가을단풍. 단풍나무류 · 진달래 · 철
쭉 · 산벚나무 · 화살나무 · 붉나무 · 옻나무 · 산
딸나무 · 매자나무 · 윤노리나무 등은 붉은 물이,
고로쇠나무 · 느릅나무 · 피나무 · 자작나무 등은
은행잎처럼 노란 물이, 참나무류와 느티나무는
갈색 물이 들어 있다.

면서 노랗게 물드는 것이고, 또 카로틴에 더하여 타닌이 생김으로 해서 갈색으로 변하는 것이다.

가야산 생태기행에서는 문화유산 답사도 겸하는 즐거움이 있다. 특히 세계의 문화유산으로 지정된 팔만대장경과 장경각은 자연과 문화가 어떻게 어우러져 존재하는가를 여실히 보여준다.

가야산의 기후는 대장경판을 보존하기에 가장 알맞은 온도와 습도를 갖고 있다. 대장경판은 목판이므로, 습도가 높으면 썩기 쉽고 낮으면 뒤틀리기 쉽다. 대장경판을 보존하고 있는 장경각 역시 가장 친환경적인 건물로 손꼽힌다. 만약 물신주의자들이었다면 최첨단 온·습도 감지장치에서부터 소독·살충 기구를 사용했을 터이지만, 장경각은 어디에도 그런 흔적을 찾아볼 수 없다.

장경각은 햇빛을 적정 수준으로 받을 수 있는 서남향으로 앉아 있다. 자외선은 이끼나 곰팡이를 막아주고 적외선은 공기의 대류를 활발하게 해주어, 실내온도를 균일하게 해준다. 천장은 곤충들의 서식을 차단하기 위해 서까래를 그대로 드러냈다. 또 바닥은 온도의 차이로 생기는 습기를 흡수할 수 있게 흙을 두껍게 깔고, 그 아래로는 습기와 병충해를 방지하기 위해 소금과 숯을 깔았다. 채광창도 크기와 배열을 각기 달리해 놓았다.

대장경판이 산벚나무나 돌배나무, 층층나무, 후박나무, 잣나무, 단풍나무, 박달나무, 자작나무 등 여러 수종의 나무로 만들어졌다는 것도 놀라운 사실이다. 이처럼 재료를 다양하게 쓴 것은 곤충의 생태를 감안해서이다. 곤충들은

가장 자연적인 것이 가장 과학적임을 증명해 주는 장경각과 대장경판

자기가 좋아하는 나무가 제각기 따로 있고 나무 또한 각각
이 독특한 방향(芳香)을 가지고 있어서, 곤충들을 멀리하는
효과를 낸다는 사실에 착안한 것이다.

　과학 맹신자들은 가장 자연적인 것이 가장 과학적이라는
것을 몇 세기나 지나서야 비로소 깨닫게 될지도 모른다.

인간의 무리한 간섭, 그 귀결

홍제암에서 두리봉이나 상왕봉을 잇는 아래쪽 등산로는 차
라리 호젓한 산책로이다. 고색창연한 암자 마당에는 산밭
에서 추수한 때늦은 고추가 널려 있고, 지붕 위의 기왓골에
는 바위솔도 가을햇살을 쬐고 있다.

　등산로 주변에는 자태가 아름다워 조경목으로 으뜸인 노
각나무와 독성이 강한 때죽나무를 비롯하여 신갈나무, 물
푸레나무, 당단풍, 서어나무, 쪽동백나무 들이 관찰된다.

　가야산 숲은 한반도 내륙지방의 온대남부림에 속한다.

자작나무숲

소나무와 함께 가야산 숲을 우점하는 신갈나무는 우리나라를 중심으로 북쪽으로는 만주지방과 남쪽으로 일본의 큐슈까지 퍼져 있다.

소나무는 겉보기보다 약한 면이 있는데, 참나무류와 싸우면 판판이 깨진다. 아래쪽에 있다가도 참나무들이 기를 쓰고 올라오면 참나무들이 따라올 수 없는 막다른 곳까지 달아나는 게 소나무이다. 참나무군락에 둘러싸인 소나무들을 보면 하나같이 병약해 보인다. 소나무는 위기를 느끼면 솔방울을 많이 다는데, 쓰러지기 전에 종자를 더 많이 퍼뜨리기 위해서일 것이다.

참나무류는 곤충을 먹여살리는 나무로 잘 알려져 있다. 영국에서 실험한 결과, 버드나무 다음으로 곤충을 가장 많이 먹여살리는 것으로 나왔다. 우리나라에서도 약 369종에 달하는 곤충들이 참나무숲에 살고 있다고 한다.

곤충학자들에게 가야산은 각별한 곳이다. 해동매미충과 운계넓적다리멸구와 승모황백매미충이 이 산에서 최초로 채집되어 세계적으로 새로운 종으로 등록되었기 때문이다.

가야산 정상인 상왕봉과 두루봉을 잇는 능선 주변에 이르면 신갈나무숲은 눈에 띄게 줄어든다.

신갈나무와 같은 참나무류는 유기물을 많이 함유하고 있는 흙을 좋아하기 때문에 비교적 척박한 산꼭대기에서는 텃세를 부리지 못한다. 그 대신 신갈나무숲에 쫓겨 올라온 소나무나 추위에 잘 견디는 잣나무와 마가목, 참조팝나무, 구상나무가 관찰된다. 이곳의 소나무는 양백지간의 금강송처럼 우람하지는 않지만 그런 대로 산수화에 등장할 만큼

독성이 강한 때죽나무(위)와 갈참나무(아래)
가야산의 신갈나무 군락은 신갈나무/졸참나무 군락, 신갈나무/소나무 군락, 신갈나무/당단풍 군락, 신갈나무/조릿대 군락, 신갈나무/싸리 군락으로 이루어져 있다.

건강하다.

가야산 정상 부근에서 우리의 눈길을 끄는 것은 구상나무숲이다. 구상나무는 아고산대에 나타나는 우리나라 특산종으로, 지리산을 중심으로 한 백두대간 남쪽 줄기와 한라산, 가지산 등지에서만 볼 수 있는 나무이다. 이곳 구상나무는 비교적 대가족제도가 잘 이루어져 있어서, 늙은 노목도 눈에 띠고 그 후손들도 주변에 함께 자리하고 있다. 이렇게 세대교체가 잘 이루어져야 그 숲이 건강한 것이다.

정상 부근의 초지에는 참배암차조기 · 설앵초 · 이삭송이풀 · 네귀쓴풀 같은 가야산 특산으로 지정된 초본류가 서식하고 있고, 가을꽃인 금불초와 금마타리 · 칼잎용담 · 구절초 · 산오이풀 · 억새 · 큰기름새도 늦가을을 아쉬워하고 있다.

그러나 최근의 '보고서에 따르면, 가야산의 자연생태계 교란율이 21개 국립공원 가운데 최악인 것으로 나타났다. 모두가 인간의 무리한 간섭 때문이다.

늦가을을 아쉬워하고 있는 가야산 금불초

국립공원이란, 인간의 간섭을 억제하여 건강한 생태계와 수려한 경관을 자연 그대로 보존하기 위해 나라가 나서서 설정한 곳이다. 그러나 일부 국민들과 개발론자들이 볼 때, 국립공원은 휴식과 놀이를 위해 나라가 허가해 준 문자 그대로 공원(公園)이요, 관광지일 뿐이다. 그래서 일주도로를 뚫고 케이블카를 설치하고 골프장도 만들고…, 이런 생각들을 하게 되는 것이다.

같은 세상을 살면서 제각기 다른 세상을 살고 있다는 것이 이렇게 안타깝다.

교통
대구에서 성주로 들어가는 길이나 88고속도로 해인사 교차로에서 들어간다.
대구에서는 해인사행 버스가 30분마다 있다.

숙식
입구에 숙식을 해결할 수 있는 가든(055-931-9003)이 있고, 해인사 앞 집단시설지구에 여관과 식당이 많다. 해인사 종무소(931-1001~2)에 문의해도 된다.

주남 저수지

기럭아 기럭아 어디 가니, 한강 간다. 뭣하러 가니, 새
끼 치러 간다. 몇 마리 쳤니, 여덟 마리 쳤다. 나 한 마
리 다오, 아나 숭더꿍….

서울·경기지방에서 채집된 옛 동요 〈기러기 노래〉이다. 노
래말만 본다면 조류생태와는 거리가 멀다. 기러기가 한강에
서 새끼 친다는 것부터가 사실과 크게 다르기 때문이다.

그러나 그것은 그리 대단치 않다. 참으로 중요한 것은 기
러기가 단순히 노래의 소재가 아니라 대화의 상대로 등장
하고 있다는 점이다. 기러기를 사람과 같은 고등 인격체로
의인화시켜 서로의 감정을 주고받는다는 것은 아무나 할
수 있는 장난 같은 것이 아니다. 그리고 꼭 기러기일 필요
는 없다. 상수리나무도 좋고 딱따구리도 좋고 땅강아지면
어떤가. 문제는 자연에 대한 감수성이다. 생태기행은 자연
에 대한 감수성을 통해 인간이 자연과 함께 공존하고자 하
는 노력의 하나로 시작된 것이다.

이번 걸음은 겨울철새를 만나러 주남으로 내려간다.

우리나라 제1의 철새도래지

우리나라는 사계절이 뚜렷한 전형적인 온대지역이다. 그래
서 여름이면 난대지역 새들이 올라오고, 겨울에는 추운 한
대지역의 새들이 내려오는 철새들의 완충지역이다. 이런
지역이 이 지구상에는 그리 많지 않다. 위도가 비슷하다고
모두 비슷한 기후를 보이는 것은 아니며, 기후가 비슷하다
고 해서 같은 조건의 자연환경을 가진 것도 아니기 때문에
우리나라 철새 상황은 우리나라만의 특징이다.

주남저수지 역시 겨울철새와 여름철새가 만나는 전형적
인 도래지이다. 요즘 주남에서는 이 철새를 사이에 두고 개
발론자와 보전론자 간에 멱살잡이가 끊이지 않고 있다.

주남저수지가 자리한 창원시 동읍 일대는 낙동강 하류가
만들어낸 곡창지대이다. 이 저수지는 낙동강 하류의 홍수
를 조절하고 농업용수를 확보하기 위해 만든 인공호수이

국내 제1의 철새도래지, 주남저수지. 구룡산과 백월산에서 내려오는 물을 담고 있는 주남저수지는 용산저수지(80여만 평), 동판저수지(70여만 평), 산남저수지로 되어 있다.

다. 주남저수지는 서로 이웃해 있는 산남·용산·동판 저수지로 이루어져 있는데, 흔히 용산저수지를 주남저수지라고 부른다. 이 가운데 산남저수지는 규모도 작지만 갈대 같은 보호숲이 없어서 오리류 몇 마리만 겨우 찾아든다.

주남저수지가 철새도래지로 각광을 받기 시작한 것은 낙동강에 하구둑 건설로 을숙도의 철새도래지가 무너지면서부터이다. 90년대 초부터 주남저수지는 자타가 공인하는 국내 제1의 도래지로 부상하여 겨울이면 탐조객들로 길이 막힐 정도였다. 하지만 지금은 예전에 비해 많이 썰렁해졌다.

경관이 빼어난 동판저수지

진영교차로에서 들어가면 제일 먼저 만나는 것이 동판저수지이다.

동판저수지는 규모 면에서는 용산저수지에 못 미치지만,

갯버들, 왕버들, 호랑버들, 개수양버들이 호안을 매력적으로 장식하고 있는 동판저수지

수심이 얕아 수초가 많다. 또 호안에는 친수성 수종이 무성하여 참으로 매력적인 풍치를 맛볼 수 있거니와, 새들에게도 좋은 은신처가 되고 있다.

저수지라고 다 겨울철새들이 찾아드는 것은 아니다. 산으로 둘러싸인 산간의 저수지보다 주변에 수생식물이 자라는 습지나 갈대숲 혹은 농경지를 둔 저수지에 새들이 더 많이 모인다.

청둥오리와 논병아리와 물닭은 비교적 사람을 두려워하지 않아서 동판저수지 호안의 갯버들숲 가까운 곳에서 놀고, 다른 오리류는 조금 떨어진 곳에 떠 있다.

청둥오리는 우리나라에서 개체수가 가장 많은 철새인데, 이곳에서도 개체수가 가장 많다. 심지어는 주변의 식당간판에도 '숯불 청둥오리'가 나붙었다. 집에서 키운 것이겠거니 스스로 위안하지만, 간판이 왠지 자꾸만 눈에 밟힌다.

부리와 이마만 하얗고 온통 검은빛인 물닭은 초심자들도

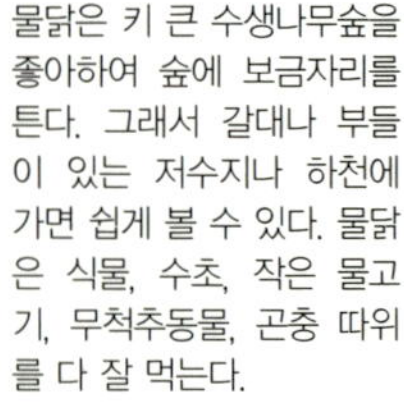

물닭은 키 큰 수생나무숲을 좋아하여 숲에 보금자리를 튼다. 그래서 갈대나 부들이 있는 저수지나 하천에 가면 쉽게 볼 수 있다. 물닭은 식물, 수초, 작은 물고기, 무척추동물, 곤충 따위를 다 잘 먹는다.

쉽게 구별해 낸다. 물닭은 갈대나 부들 같은 키 큰 수생식물이 자라는 저수지와 하천에서 흔히 볼 수 있다. 육지의 닭이 그렇듯이, 물닭도 수초며 작은 물고기며, 곤충 등 가리지 않는 잡식성이다. 물닭은 겨울철새이지만, 근래 들어서는 아예 이곳에서 여름을 나는 무리가 많아졌다.

한때 동판저수지에 세계적 희귀조인 가창오리가 날아들어 매스컴의 각광을 받기도 했으나, 요즘은 아예 자취를 감추었다. 가창오리는 마치 밥투정하는 아이들처럼 '자릿밤'을 못 받아 거의 해마다 자리를 바꾼다. 재작년에는 동판, 작년에는 천수만, 올해는 해남 하는 식이다. 어디로 갈지 아무도 예측하지 못한다. 심지어는 저녁뉴스 듣고 다음날 아침에 찾아가도 다른 데로 떠나버리고 없기 일쑤이다.

동판저수지 주변은 국군 칠성사업단의 군무원 고층아파트가 들어서서 상황이 좋지 못하다. 새는 수직 하강과 상승이 가능한 헬리콥터가 아니다. 비행기와 마찬가지로 주변에 고층건물이 들어서면 착륙에 필요한 철새들의 비행공간이 그만큼 좁아지게 마련이다. 그리고 아파트에서 발사되는 불빛도 철새들의 밤잠을 설치게 하는 요인이 된다.

아직도 우리 주변에는 새들의 있고 없음이 뭐 그리 대단하냐고 반문하는 사람들이 많다. 주위에 보이는 것들이 모두 병들었다고 가정해 보자. 새는 날갯죽지가 썩어가고 식물이 하나둘 말라가고 모든 물고기가 한꺼번에 물위로 허옇게 떠올랐다고 가정하자. 이 지구상에 오직 유일하게 인간만이 남게 되었을 때 인간은 며칠이나 견딜 수 있겠는가.

살아 있는 모든 것들은 살아 있는 다른 것들과 공존할 때

비로소 진정하게 살아 있는 것이 된다. 아무리 풍족한 의식주가 제공된다 해도 사회와 격리된 감옥이나 병동에서 혼자 지내는 삶은 진정한 삶이 될 수 없는 것과 마찬가지다.

갖가지 철새를 볼 수 있는 용산저수지

흔히 주남저수지로 불리는 용산저수지는 동판저수지와 붙어 있다. 3개의 저수지 가운데 가장 다양하고 많은 철새들이 내려앉는다. 다른 도래지보다 비교적 가까운 거리에서 탐조할 수 있어서 금상첨화이다. 탐조전망대 위에 올라서면 저수지의 절반이 이상이 한눈에 들어온다.

이곳은 천연기념물만 해도 큰고니(제201호), 노랑부리저어새(제205호), 두루미(제202호), 재두루미(제203호), 개리(제325호), 원앙(제327호), 매(제323호), 독수리(제243호) 등 여러 종류가 된다.

그러나 이곳에 와서 천연기념물이나 희귀종 같은 진객들만 쫓아다니는 것은 어리석은 짓이다. 천연기념물이니 희귀종이니 하는 것은 인간이 편의상 구분해 놓은 것일 뿐이다.

생태기행은 새를 통해 생명의 소중함을 깨닫고, 새의 생태를 보고 감수성을 키우며, 새가 처한 환경을 보고 지구의 환경을 생각해 보자는 것이다.

멀리 호수 가운데 흰 부표처럼 떠 있는 것이 고니류이다. 태조 이성계가 매를 이용해서 사냥을 즐겼다는 바로 그 고니이다. 덩치는 크지만 성질이 온순해서 백조라는 별명이 딱 어울리는 새이다.

노랑부리저어새는 매우 코믹한 새이다. 주걱처럼 생긴

길고 넓적한 부리도 특이하거니와 그것을 얕은 물 속에 집
어넣고 좌우로 휘저어서 먹이를 잡는 동작도 색다르다. 작
은 물고기나 개구리 또는 무척추동물도 마다하지 않는 육
식성 새이다.

개체수는 적지만, 두루미와 재두루미도 먼 논들에 내려
앉아 있고, 기러기를 닮은 개리도 무리를 지어 저수지 가장
자리의 습지에 머리를 박고 뭔가를 열심히 꺼내먹고 있다.

그러나 역시 이 저수지의 실세는 청둥오리를 비롯한 오
리류이다. 황오리, 댕기흰죽지, 가창오리, 고방오리, 홍머
리오리, 청머리오리, 넓적부리, 쇠오리, 흰비오리, 흰뺨검
둥오리, 알락오리가 뒤섞여 무리를 이루고 있다. 오리류는
고니나 기러기류보다 몸집이 작고 목과 다리도 짧다. 대개
는 암수가 색깔이 다르고 또 새끼는 암컷과 비슷한 색이라
는 점이 특징이라고 할 수 있다.

황오리 무리가 물 위에 벌겋게 떠 있다. 몸통은 붉은빛이

"황황" 하고 우는 황오리는 암컷과 수컷이 비슷하게 생겼다. 강화도와 한강하구에도 해마다 1천여 마리가 날아든다.

감도는 주황색이지만, 하늘에 떴을 때는 넓적한 하얀 띠가 인상적으로 드러난다. 이따금 떼를 지어 농경지에 내려앉기도 하는데, 생김새와 동작이 기러기와 비슷해서 멀리서는 착각하기 쉽다.

목이 길고 꼬리가 길고 뾰족하여 오리류 중에서 비교적 날씬한 몸매를 자랑하는 고방오리도 보인다. 수컷은 목의 흰색 선이 앞가슴과 머리 뒤까지 이어져 있어서 필드스코프에 잡히는 그림이 좋다. 수면성 오리답게 수중발레 하듯이 머리만 물 속에 넣고 수초를 건져먹는 모습 또한 무척 재미있다.

오릿과에서는 중간 크기에 해당하는 흰죽지는 물갈퀴 달린 잿빛 다리를 물에 담그고 푸르스름한 하얀 부리로 물풀을 쪼고 있다. 물론 지렁이 같은 무척추동물도 즐겨 먹는다.

그 밖에도 동판과 용산 저수지 호안 습지에서는 댕기물떼새, 민물도요, 흑꼬리도요, 종달도요, 학도요, 꺅도요, 깝짝도요, 꼬마물떼새, 알락할미새 같은 물떼새와 도요류가 가끔 보인다. 새매, 황조롱이, 말똥가리 등의 맹금류도 관찰된다.

따라서 주남저수지의 둑방을 지금처럼 벌거숭이 상태로 놔두는 것보다 키 작은 관목이나 덩굴성 식물이라도 심어서 울타리를 만들어주면 새들에게도 좋고, 탐조인들도 은신처로 이용할 수 있어서 좋을 것이다.

주로 둑방 아래쪽에 이어진 드넓은 농경지에 머물고 있는 기러기들이 논바닥에 떨어진 낟알을 깨끗이 먹어치우는 바람에 농민들의 일손이 한결 덜어진다. 그렇지 않으면 그 낟알들은 이듬해 논에 어지러이 돋아나서 영양분을 빼앗는 잡초가 되기 때문이다. 그러나 최근 들어 농경지에 비닐하우스가 덮이기 시작하면서 기러기들이 앉을 자리가 점점 좁아지고 있어서 걱정이다.

생태기행이 일반의 관심을 끌게 된 데는 TV 자연다큐멘터리의 영향도 적지 않을 것이다. 하지만 TV를 통해 간접 탐조한 사람들은 기대했던 대로 신비한 장관이 현장에서

큰기러기(왼쪽, 환경부 지정 보호종)와 까만 꽁지깃이 특징인 고방오리(오른쪽)

연출되지 않는 데 대해 적이 실망하는 눈치들이다. 수만 마리의 가창오리도 보이지 않고, 환상의 노랑부리저어새도 눈에 잘 띄지 않고, 거리가 멀어 눈부신 고니들도 깨알만해서 도무지 실감이 나지 않을 수밖에. 그런 사람들은 십중팔구 새들을 원망하며 돌아선다.

그러나 새들이 인간의 구경거리로 세상에 태어난 것은 아님을 마음에 새겨둘 필요가 있다. 그리고 실제로 이곳의 새들은 거의가 아침이나 저녁 무렵에 움직인다는 사실을 알아야 한다.

주남저수지의 또 다른 주인공들

대개의 탐방객들은 탐조대가 있는 둑방 근처만 맴돌다 돌아가지만, 저수지를 한바퀴 돌아보는 것이 좋다.

전망대 건너편 산기슭과 호숫가 덤불에는 직박구리, 멧비둘기, 박새, 어치, 까치, 딱새, 때까치, 붉은머리오목눈이, 참새, 종다리, 딱따구리와 같은 텃새들이 관찰된다.

주남저수지 하면 겨울철새만을 생각하지만, 이곳은 여름철새들에게도 낙원이다. 여름철이면 호숫가에는 중대백로나 쇠백로, 해오라기, 왜가리, 덤불해오라기, 쇠물닭, 황로가 모습을 보이고 갈대와 물억새밭에서는 개개비와 붉은머리오목눈이 등이 고개를 내민다. 이렇게 여름철새가 노니는 동안 노랑어리연꽃과 어리연꽃, 가시연꽃, 물옥잠, 부레옥잠은 꽃을 피우고 물 속에서는 붕어마름, 검정말, 생이가래, 마름, 개구리밥이 자생한다.

새들이 그렇듯이 곤충도 물 없이는 못 산다. 호수 가장자리의 초지와 둑방에서도 온갖 여름곤충을 관찰할 수 있다. 어리호박벌, 방아깨비, 별쌍살벌, 무당벌레, 긴꼬리쌕쌔기, 섬서구메뚜기, 등검은메뚜기, 노린재류….

이런 것들은 철새가 존재하기 위해 꼭 필요한 이웃 생명들이다. 자연 생태계는 단순한 일(一)자형 고리가 아니라 그물코처럼 사방팔방으로 이어져 있다. 그물의 매듭 하나는 네 개의 공간을 만든다. 매듭 하나가 끊어지면 네 개의 공간이 사라져 버리는 셈이다.

갈대와 물억새와 부들 같은 수생식물이 군락을 이루고 있는 저수지 가장자리에서 여름새들은 알을 낳고 새끼를 치고, 겨울새들이 추위와 바람을 피한다. 한때 주남이 국내 제일의 도래지로 각광받을 수 있었던 것도 이들 군락 때문이다. 그런데 얼마 전에 이 갈대밭에 불이 났다. 주남이 생태계 보호지역으로 지정됨으로써 불이익을 받게 될 일부

수생식물이 군락을 이루고 있는 저수지 가장자리는 새들의 보금자리이자 피난처이다.

주민들이 새들을 내쫓기 위해 난리를 피운 것이다. 많은 새들이 화들짝 솟아올라 무슨 일인가 했을 것이다.

새들이 얼마나 미웠으면 그 갈대밭에 불을 다 질렀을까. 참으로 안타까운 일이다. 세상만물은 서로 사랑하고 있다. 그런 작태를 보면, 원수를 가진 것은 지구상에 사람밖에 없다는 생각을 떨쳐버릴 수가 없다.

아둔하고 미련해서 머리가 잘 안 돌아가는 사람을 흔히 '새대가리'라고 말한다. 하지만 새는 지혜롭고 눈치가 매우 빠르다. 마을사람들이 자기들을 좋아하는지 싫어하는지 잘 안다. 사람들이 갈대밭에 불을 지를 정도로 싫어하고 구박한다는 것을 알고 있다. 아니나다를까 철새들은 해마다 크게 줄어 지금은 호수가 썰렁할 정도이다.

오히려 새대가리는 당장의 이익에만 눈이 멀어 불을 지른 사람들일 것이다. 자연을 구박하면 반드시 그 재앙이 부메랑처럼 돌아온다는 자연의 법칙을 모르는 이들일 것이다. 그러나 그들이 "새들이 사라진 땅에는 인간도 살아갈 수 없다"는 사실을 몸으로 깨닫기까지는 좀더 긴 시간이 흘러야 할 것이다. 뿌린 씨앗에서 금방 싹이 돋지 않듯이.

최근 들어 주남저수지가 을씨년스러워진 또 다른 이유 하나는 무분별한 관광객들의 내습(?)이다. 생태교육이 되지 않은 관광객이 늘어나면서 오히려 이곳 생태는 크게 훼손되고 철새들은 만성 스트레스에 시달리게 되었다.

사진작가나 방송제작팀도 새들이 기피하는 인물이다. 이들은 새들 생각은 않고 어떻게든 보기 좋은 사진을 얻으려고 함부로 팔매질하거나 고함을 질러 새들을 날게 하기 때

문이다. 한번 내쫓긴 새들은 불안해서 그곳에 좀처럼 내려
앉지 않는다.

　한때 이곳도 밀렵의 천국이었다. 지금은 줄었지만, 총소
리가 여기저기서 메아리친 때도 있었다. 하지만 저수지를
돌다 보면, 지금도 여전히 사냥총의 탄피가 어렵잖게 발견
되곤 한다. 저수지 주변에 있는 크고 작은 축사도 수질을
오염시켜서 철새들을 내쫓는 원인을 제공하고 있다.

　주남에 오면 우리 인간들이 자연을 얼마나 못살게 구박
하는지를 뼈저리게 깨닫게 될 것이다.

교통
서울에서 마산까지 20분 간격으로 버스가 있다. 구마고속도로와 남해고속
도로를 타고 진영교차로로 진입하여 10분 거리에 저수지가 있다. 경전선
열차를 타고 창원역(055-256-7788)에서 내리면 여러 노선의 시내버스가
연결된다. 약 10분 거리에 마금산온천(298-5162)이 있다.

숙식
동읍에 있는 여관(291-7513)이나 진영읍의 여관(342-0222/342-3022)을
이용할 수 있다. 민박(253-7767/7345)도 가능하다. 저수지 주변에 식당
(253-7345/253-7058)이 있다.

기타
철새보호원초소(253-7358)에 연락하면 도움을 받을 수 있을 것이다.

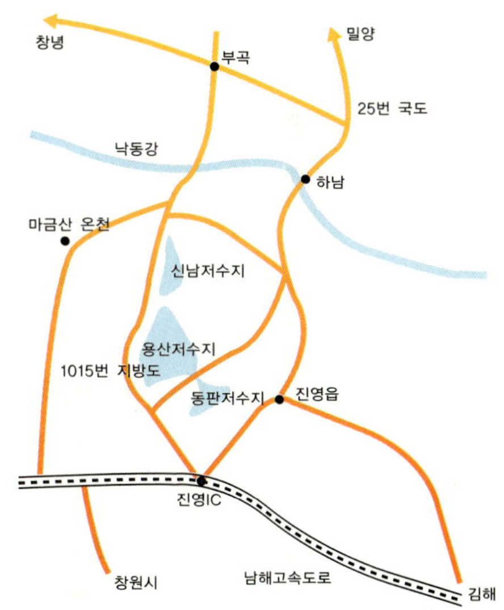

우포늪의 수생식물

봄 생태기행을 시작하면서 맨 먼저 떠올린 생각은 "자연은 인간이 돌아가 가르침을 받아야 할 처음이자 마지막 스승" 이라는 것이었다. 우리가 지금 환경문제로 골머리를 앓게 된 것은 자연과 인간을 따로 떼놓고 생각해 온 그 오만함 때문이다. 오늘날의 환경문제는 인간의 오만을 더 이상 두고만 볼 수 없어서 마침내 자연이 인간에게 측은지심의 회초리를 든 것이라 할 수 있다. 어떤 이들은 '자연의 대역습' 이라는 현학적 표현을 쓰기도 한다.

 지난 세기 후반에 생태주의가 뜨면서, 생태에 대한 이해와 보전 없이는 그 어떤 환경문제도 풀 수 없다는 데 많은 사람들이 공감하기 시작했다. 생태기행은 자연생태를 이해하고 그것을 통해 감수성을 길러 환경을 지키고자 하는 것이다. 그러기에 신비롭고 풍치 좋은 곳을 찾아가 구경하고 놀다가 오자는 자연여행과는 태생부터가 다르다.

천혜의 작은 지구
최근 들어 습지에 대한 관심이 전세계적으로 확산되고 있

다. 우리나라도 람살조약(Ramsal, 물새의 서식지로서 국제적
으로 중요한 습지에 관한 조약)에 가입해서 회원국이 되었다.
서해안의 드넓은 개펄이며 창녕 우포늪, 고성 용늪, 울산
무제치늪 등을 지키자는 공감대가 우리나라에서도 형성되
고 있다.

이번 걸음은 살아 있는 자연사 박물관으로 불리는 경남
우포늪을 찾기로 하고 짐을 챙긴다.

땅도 좁거니와 전국토의 70퍼센트가 산지인 우리나라에
우포늪이 있다는 것은 국립중앙박물관이 하나 더 있는 것
에 비견할 만하다. 우포늪은 먼 옛날 조물주가 낙동강변에
다 산, 개울, 펄, 나무, 숲, 수생식물, 야생화, 곤충, 조류,
어류, 어패류… 오만가지 살아 있는 것들로 만들어놓은 작

늪은 간단히 말해 지대
가 낮아서 물이 많이 괸
곳이다. 특히 우포늪은
살아 있는 자연사 박물
관이라는 이름이 손색
없는 천혜의 늪이다.

은 지구이다.

우리나라의 늪은 강원도 대암산의 용늪과 같은 산지 늪도 있지만, 대개는 강을 끼고 있다. 우포늪도 700리 낙동강이 만들어낸 천혜의 늪이다. 이웃해서 사지포, 목포, 쪽지벌 등 네 개의 늪으로 이루어져 있는 우리나라 최대의 늪지대이다.

이 지역의 늪은 지반이 내려앉아 생긴 것이라는 주장도 있지만, 그보다는 낙동강의 범람에 의해서 생겼다는 주장이 더 설득력을 가진다. 홍수가 나면 강이 실어온 모래가 하천 양쪽에 마치 제방처럼 쌓이고 그 자연제방 뒤에 좀더 낮은 배후습지가 생기는데, 이를 늪이라고 부른다.

우포늪의 생성사를 1억 년까지 보는 이들도 있지만, 후빙기(後氷期) 때 형성된 것으로 의견이 모아지고 있다. 약 200만 년 전인 플라이스토세(Pleistocene Epoch)에 빙하

낙동강의 녹색댐이라는 이름에 손색없는 우포늪. 현재 우포늪과 그 주변에는 정수식물 26종, 부엽식물 4종, 부수식물 11종, 침수식물 13종 등 54종의 수생식물이 건강하게 자라고 있으며 그에 따라 조류 30여 종, 어류 29종, 무척추동물 14종, 수서곤충 37종 등 다양한 동물이 서식하는 것으로 알려져 있다.

가 몇 차례 내습하여 홍수가 범람했기 때문이라는 것이다. 그러니 늘려 잡아야 1만 년인 박물관의 유물들에 어찌 비할 바 있겠는가.

우포늪은 계절에 따라 갖가지 다채로운 모습을 연출한다. 봄이면 수생식물들이 녹색융단을 깔고, 여름이면 온갖 꽃들이 지천으로 핀다. 가을이면 온갖 곤충들이 하늘을 뒤덮고, 겨울이면 철새들의 작은 천국이 펼쳐진다. 그러니 철 따라 탐사주제도 달라질 수밖에 없다.

생태기행은 무엇을 보고 배우겠다는 주제의식을 미리 가지지 않고 떠나면 바람이나 쐬다 오는 소풍 꼴이 되기 십상이다. 마치 어린 학생들이 박물관에 들어가 삼삼오오 돌아다니다가 결국은 하나도 보지 못하고 기념사진이나 찍고 돌아오듯 해서는 안 된다. 살아 있는 자연사 박물관인 우포늪에 와서는 더욱 그렇다.

인간 또한 생태계의 일부임을 확인시켜 주는 곳

이번 걸음은 때맞춰 녹색융단을 깐 수생식물에다 초점을 맞추기로 한다.

우포늪으로 들어가는 길은 여러 갈래가 있으나, 이번에는 창녕에서 모전-토산-주매로 이어지는 한적한 지방도로를 타고 들어간다.

주매마을에서 늪으로 들어가는 인적 드문 길섶에는 눈에 익은 민들레며 자운영이 흐드러지게 피어 있고, 야산에는 찔레꽃 그늘에 철쭉이 만발하여 그대로가 꽃동산이다.

늪에 다다르면, 드넓게 펼쳐진 그 규모에 놀란다. 늪의 끝은 망원경으로도 잡히지 않는다. 그대로가 생태계의 바다다. 멀리로는 야트막한 산줄기가 천천히 지나가고, 가까이로는 드넓은 늪과 함께 섬 같은 초지가 군데군데 떠 있다. 좀더 가까이에는 수로 같은 작은 늪들이 곳곳에 숨어 있다.

현재 우포늪과 부근 농경지를 포함한 260만 평이 생태계 보전지역으로 지정되어 있다. 그중 우포늪은 약 70만 평이지만, 갈수기에는 50여만 평으로 줄어든다고 한다. 갈수기 때 드러나는 늪의 가장자리에다 농민들은 보리며 밀, 감자, 마늘 등속을 심는다. 그것을 거두고 나면 우기가 시작되므로, 농민들은 자연의 섭리를 절묘하게 이용하고 있는 셈이다.

우포늪의 수심은, 갈수기에는 1미터 안팎이지만 장마 때는 3미터 가량 된다. 수심이 얕은 관계로 수질은 그리 좋은 편이 못 된다. 그러나 그 때문에 우포늪이 썩은 적은, 늪이 생긴 이래 한 번도 없다. 자정능력을 갖고 있기 때문이다. 또 낙동강과 토평천과 연결되어 있어서 홍수를 조절하는 기능까지 갖추고 있다. 그래서 우포늪은 자연이 만든 낙동강의 녹색댐으로 불린다.

어느 늪이나 처음에는 모두 호소(湖沼)로 시작해서 늪-초원-숲으로 바뀌어간다. 하지만 인간이 개입하면서 늪은 이 같은 자연천이가 아니라 파괴의 길로 들어서는 경우가 허다하다. 그 동안 낙동강 주변의 크고 작은 늪들이 모두 그렇게 해서 사라졌다.

우포늪과 그 주변에는 동물들이 매우 다양하게 서식하고

벗과의 여러해살이풀 줄(왼쪽)은 8월이면 약 30센티 길이의 줄기 끝에 꽃이 핀다. 한해살이풀 개구리밥(오른쪽)은 여름에 담녹색 꽃이 피지만 작아서 잘 보이지 않는다.

있다. 이렇듯 우포늪에 갖가지 동물이 살아갈 수 있는 것도 1차 생산자인 식물, 특히 수생식물들이 건강하게 자라고 있는 덕분이다. 그래서 우포늪을 거대한 생태계의 자궁이라고 한다.

그간에 나온 여러 보고서를 종합해 보면, 우포를 비롯한 낙동강 주변의 늪지에서 채집된 수생식물은 모두 54종류이다. 이처럼 수생식물의 종류가 많은 까닭은 수심이 얕고, 물과 뭍 사이에 걸쳐져 있는 진연안대가 넓게 발달되어 있기 때문이다. 또 오랜 기간 동안 인간의 발걸음이 뜸했던 것도 한 요인이 될 수 있을 것이다.

우포늪의 수생식물은 크게 고착성과 부유성 수생식물로 나누어진다. 고착성 식물로는 줄과 고랭이가 가장 많고, 부유성 식물로는 개구리밥·마름·가래·노랑어리연꽃이 많다. 그리고 늪가에는 창포와 여뀌, 세모고랭이, 갈대, 물억새, 개밀, 골풀이 자라고 있다.

어릴 때는 누구나 개구리는 개구리밥을 먹고 사는 줄 알

왔던 그 개구리밥이, 물이 흐르지 않고 고여 있는 곳이면 어김없이 보인다. 개중에 작은 것은 좀개구리밥이라고 한다. 옛사람들은 여름철에 이것을 건져 말려서 가루로 만들어 종기나 버짐 난 데 바르기도 했다.

개구리밥은 물위에 떠서 살다가, 겨울이 가까워지면 모체에서 겨울눈이 떨어져 나와 물밑으로 가라앉는다. 그러나 수심이 깊으면 발아율이 떨어지기 때문에 얕은 물에서만 놀다가, 이듬해 봄이 되면 다시 물위로 떠오른다.

우포늪은 이웃한 다른 늪에 비해 줄군락이 많다. 이름을 몰라서 그렇지, 줄은 일반인들에게도 눈에 익은 식물이다. 헐벗고 굶주리던 그 옛날 보릿고개 때 가난한 이들의 배를 채워준 고마운 구황식물이었다. 또 잎을 베어다 도롱이를 만들어 비 올 때 쓰고 다니곤 했다. 한여름에 피는 위쪽의 연노란 꽃은 암꽃이며 자줏빛의 수꽃은 아래쪽에 핀다.

마름은 공간이 좀 넓은 곳에 서식한다. 물 속 열매의 속맛이 밤맛과 같다고 해서 말밤이라고도 불렀다. 한방에서는 능실(菱實) 또는 지실이라 해서 위가 약한 이들에게 환

마름(왼쪽)은 바늘꽃과의 여러해살이풀로, 줄기에는 깃털 모양의 수중근(水中根)이 붙어 있고 줄기 끝의 잎은 마름모에 가까운 삼각형이다. 여름에 하얀 꽃이 핀다.
가래(오른쪽)도 줄기가 가늘고 길며(5~50센티) 여름에 황록색 이삭 모양의 꽃이 핀다.

으로 지어주곤 했다. 이 또한 그 옛날 보릿고개 때는 한 소
쿠리씩 삶아놓고 가족들의 주린 배를 속이기도 했던 아픈
추억 속의 구황식물이다. 지금도 늪마을 아이들은 멱을 감
고 놀면서 심심풀이로 건져다 먹는다.

마름은 진흙 속에 뿌리를 박고 잎사귀는 물위에 떠 있는
데, 잎사귀가 물에 뜨는 것은 잎자루에 달린 공기주머니〔浮
囊〕 때문이다. 그리고 잎사귀에 가느다랗게 이어져 있는 줄
기는 장마 때 수위가 올라갈 것을 대비해서 매우 길다. 어
떤 것은 10미터가 넘기도 한다.

역시 진흙 속에 뿌리를 박고 자라는 식물로 가래가 있다.
줄기는 옆으로 뻗어서 번식하며, 물 속이나 물위에서도 나
는 잎은 모두 외떡잎이지만 물위의 잎 모양은 긴 숟가락 혹
은 대나뭇잎같이 생겼다.

가래와 이름이 비슷한 생이가래는 한해살이 부유식물이
다. 줄기는 가늘고 길며 잔털이 나 있다. 생이가래 잎도 물
속에 잠기는 것과 물위에 뜨는 것이 있는데, 물 속에 잠기는
잎은 털이 나고 뿌리 모양이며 물위에 뜨는 잎은 위쪽의 황
색과 아래쪽의 담녹색 타원형이다. 물에 잠긴 잎의 기저(基
底)에 붙어나는 홀씨주머니는 겨울에 갈라져서 갈색 홀씨
를 많이 물에 띄운다.

흔치 않은 자라풀도 우포늪의 식솔이다. 여러해살이 외
떡잎식물인 자라풀의 잎은 하트 모양으로 둥글며, 잎 뒷면
에 공기주머니가 있다. 가을에 잎 사이에서 꽃꼭지가 나서
청순한 흰색 꽃을 피운다.

남쪽 아열대지방에서 올라온 노랑어리연도 있다. 이 수

여러해살이 수초인 어리연(아래)은 여름에 샛
노란 꽃(위)이 핀다.

초는 기온이 비교적 고온다습한 한강 이남 습지에서만 자
란다. 뿌리줄기는 연뿌리처럼 진흙 속에서 옆으로 길게 뻗
어 있으며, 여름날 샛노란 꽃을 피운다.

그러나 우포늪의 주인공은 아무래도 가시연꽃이다. 가시
연꽃은 우리나라에 자생지가 고작 열 군데밖에 안 되는 희
소식물로, 현재 멸종위기 종으로 지정되어 있다. 가까운 일
본에서는 이미 멸종단계에 있는지라, 머지않아 우포늪의
가시연꽃도 수심이 얕아지면 사라지게 될지도 모른다. 열
대지방에서 온대지방에 걸쳐 분포해 있는 가시연꽃은 잎의
지름이 1.5~2미터에 이른다. 물위에 떠 있는 잎은 어린아
이 몇 명이 너끈히 올라앉을 수 있을 정도로, 우리나라 식
물 가운데서 가장 크다. 녹색 꽃잎에는 가시가 나 있으며,
한여름에 꽃이 핀다.

이러한 식물말고도 우포늪에는 물방개 · 물자라 같은 수
서곤충, 줄새우 · 말조개 · 거머리 · 논우렁이 등과 같은 무
척추동물, 붕어 · 가물치 · 잉어 등 20여 종의 물고기도 함
께 어울려 살아가고 있다.

또 갖가지 여름철새와 겨울철새도 계절따라 오고간다.
여름에는 중대백로 · 흰뺨검둥오리 · 물닭 · 쇠물닭 · 논병
아리가 날아들고, 겨울에는 쇠기러기 · 큰기러기 · 큰고
니 · 황오리 · 원앙 · 청둥오리 · 쇠오리 · 청머리오리 · 알락
오리 · 고방오리 · 흰비오리 · 댕기물떼새 그리고 가창오리
도 이따금 찾아온다.

옛날부터 마을사람들이 늪가에서 농사를 짓고 늪에 들어
가 물고기와 논우렁이를 잡아 생계에 보태온 것을 보면, 사

람도 우포늪 생태계의 일부분임이 절실하게 느껴진다. 특히 아낙네들이 마치 해녀들처럼 물 속에 들어가 논우렁이를 잡는 모습은, 이곳이 아니면 보기 어려운 정겨운 장면이다. 우포늪이 건강하게 지속되려면 먹이사슬의 맨 꼭대기에 있는 인간이 우포늪에서 예전처럼 자연스럽게 살 수 있어야 할 것이다.

그러나 우포늪의 미래를 보는 눈길 역시 그리 맑지만은 않다. 경제성이 없다는 이유로 농경지와 각종 부지로 많이 잠식당했고, 생활하수와 농업폐수까지 흘러들어 그 자정능력에 한계를 보이고 있는지라 실로 안타깝다. 더구나 대부분의 자연늪은 개인 소유여서 늪을 보존하는 데 상당한 어

인간을 중심으로 먹이사슬을 형성하여 누대를 살아온 우포늪

려움이 따르는데, 늪의 가치와 중요성에 대한 행정기관과
마을사람들의 관심까지 부족하여 어딜 둘러봐도 안타까움
뿐이다.

　일부에서는 생태관광지로 개발해서 보호하자고 하지만,
오히려 우포늪의 수명을 단축시키는 결과를 가져올 수도
있다는 주장도 많다.

교통
구마고속도로의 창녕인터체인지로 들어가서 1093번국도를 타면 읍내에서
늪까지는 불과 7킬로. 서울 남부터미널에서는 1시간 간격, 대구 서부터미널
에서는 20분 간격, 부산·마산에서는 30분 간격으로 직행버스가 다닌다. 읍
내에서 주매·안리행 군내버스를 타면 늪 가까운 곳에 내릴 수 있다.

숙식
현지에는 숙식처가 마땅치 않아 창녕읍으로 나가야 한다.

기타
마창환경운동연합(055-252-9003)이나 창녕환경련(533-7856)으로 연락하
면 우포늪 지킴이들의 도움을 얻을 수 있다. 창녕은 작은 경주라 할 만큼 문
화유산이 많고 부곡에 온천까지 있어서 함께 돌아볼 수도 있다.

낙동강 하구와 을숙도

겨울철 생태기행은 뭐니뭐니 해도 철새탐조가 제일이다. 드넓은 호수나 강물 위로 수십, 수백 마리가 떼지어 헤엄쳐 다니는 모습이나 수천, 수만의 새들이 물보라를 일으키며 하늘로 솟아오르는 모습은 그대로가 장관이다.

겨울철새들의 눈부신 군무(群舞)를 보러 갈대숲이 아름다운 을숙도와 낙동강 하구 강마을로 떠난다.

인간이 버린 섬, 물 맑은 새들의 보금자리

을숙도는 팔백 리 낙동강이 실어온 하구의 델타(모래섬)이다. "새〔乙〕가 많이 사는 물 맑은〔淑〕 섬"이라는 뜻에서 이름이 을숙도이다. 을숙도는 얼마 전에 하구둑에 다리가 놓이면서 경남 김해에서 부산시 사하구로 편입되었다.

낙동강 하구로 향하여 길게 뻗어 있는 을숙도는 중앙부가 넓고 북단과 남단부가 뾰족하게 튀어나와 있다. 북단에는 좁은 물길을 사이에 두고 일웅도가 있으며, 남단에는 크고 작은 모래톱이 형성되어 있다. 섬 가운데는 물길이 미로처럼 뻗어 있고, 이 물길을 따라 어른 키를 훌쩍 넘는 갈대가 숲을 이루며 펼쳐진다.

국내 제1의 이 갈대밭은 한때 영화촬영의 단골무대였을 만큼 분위기와 운치가 빼어났다. 이문열의 연작소설 「젊은 날의 초상」의 2부인 "하구(河口)"의 주무대도 이곳이다.

작품에서도 그려지고 있거니와 옛날부터 사람들은 갈대밭을 개간하여 농막을 짓고 각종 채소와 땅콩 등속을 재배해 왔다. 또 모래를 퍼다가 공사장에 내다 팔기도 했는데, 이건 지금도 현재진행형이다.

한때의 이야기이지만, 을숙도를 중심으로 낙동강 하구는 예부터 숭어와 꽃게가 많이 잡혀 갯가의 삶을 풍요롭게 해 주었다. 그 유명한 낙동강 재첩도 바로 이 지역에서 캤다. 그러다가 1987년에 이 섬을 동서로 가로지르는 낙동강 하구둑이 완공되면서 섬은 육지의 일부가 되어 옛모습을 많이 잃어버렸다. 천년 만년 을숙도와 함께해 온 동식물들도 자취를 많이 감추었다.

그렇다. 이제 을숙도는 옛날의 을숙도가 아니다. 그래서 많은 사람들은 을숙도를 '죽은 섬'이라고 한다. 더 정확한 표현을 빌리자면 우리들이 '죽인 섬'이다. 부근에 주택단지와 공업단지가 만들어지고 쓰레기와 분뇨 처리장도 들어섰다. 요즘 들어서는 문화회관, 축구장 등 시민을 위한 편의시설까지 속속 들어서는 바람에 동양 제1의 철새도래지라는 명성도 이제 옛 전설이 되어버렸다.

그래서 을숙도 가는 길은 마치 대자연의 임종을 보러 가는 기분이 든다. 하지만 우리는 너무 쉽게 그리고 성급하게 을숙도의 사망진단을 내린 것이 아닌지 한 번쯤은 돌아보아야 한다.

인간이 버린 섬, 을숙도! 그래도 해마다 갈대는 숲을 이루며 뒤덮이고, 철새들은 깃을 접으며 날아든다. 바람 부는 강변에 서서 갈대숲 위로 솟아오르는 철새들의 군무를 보고 있노라면 눈물이 핑그르르 돈다. 그래서 을숙도에 가면 휘파람 같은 한숨이 나오곤 한다.

갈대밭에서 새떼가 눈부시게 비상하고

부산 하단동에서 낙동강 하구둑 다리를 건너면 곧바로 을숙도휴게소가 나온다. 전망대를 겸한 휴게소 찻집에 들어서면 낙동강 하구와 갈대숲이 한눈에 내려다보이고 멀리 김해공항도 보인다.

지금은 을숙도를 찾아드는 겨울철새가 많이 줄었지만, 한때는 무려 10만을 헤아리는 새들이 날아들었다. 그래도 종의 다양성에서는 그 어느 도래지 못지않다. 개체수가 가장 많은 오릿과에서부터 갈매깃과 · 논병아릿과 · 아비과 ·

주요 탐조 포인트의 하나인 장자도 · 을숙도에는 11월 초부터 겨울철새가 날아들어 이듬해 3월 초 무렵 북상한다. 한때는 총 100여 종의 10만 마리가 넘는 철새가 찾아들었다.

검은목논병아리(위)와 뿔논병아리. 잠수성 조류인 논병아리는 물 속의 물고기나 새우를 잡아먹으며, 수초나 풀로 물위에 뜨는 둥지를 만든다.

맷과 · 수릿과의 조류들이 상대적으로 많고, 천연기념물인 황새 · 저어새 · 재두루미 · 느시도 이따금 눈에 띈다.

탐조는 을숙도 주변 어디에서나 가능하다. 하구둑 부근 혹은 휴게소 서쪽 물길, 쓰레기처리장 남쪽 갈대밭 지역, 대마등, 장자도 등이 주요 탐조 포인트이다.

하구둑 주변은 을숙도에서 가장 손쉽게 탐조할 수 있는 곳이다. 수심이 깊어지면서 수면성 오리는 줄어들고 잠수성 오리가 많이 눈에 띄지만, 개체수가 적어서 하구둑 주변은 이미 파장 분위기이다. 다만 흰죽지와 댕기흰죽지, 알락오리, 홍머리오리, 논병아리, 뿔논병아리, 검은목논병아리들이 파장을 지키고 있다.

논병아리는 대개 무리지어 살기보다는 두세 마리씩 끼리끼리 논다. 수초나 풀을 이용해서 둥둥 뜨는 둥지를 만든다고 해서 '낙동강 오리알'이라는 말이 나온 것은 아닌지 모르겠다. 논병아리 중에서도 덩치가 가장 큰 놈은 뿔논병아리다. 목이 길다란 뿔논병아리는 관 모양의 장식깃이 달린 것이 특징이다.

휴게소 앞의 갈대숲을 가로질러 강변으로 나가면 바다 같은 물길이 나타난다. 인적이 드문 그곳은 가마우지 마을이다. 거기, 수십 마리의 가마우지들이 햇살을 쬐며 앉아 있다.

부리만 빼고 온통 새까매서 '물까마귀'라는 별명이 붙은 가마우지는 조류 가운데 잠수질을 가장 잘하는 새다. 물고기만큼이나 빠른 동작으로 물 속의 먹이를 공격한다. 그러나 한 번 잠수하고는 밖으로 나와 일광욕을 하며 깃털을 말려야 한다. 그래야 떨어진 체온이 정상으로 돌아온다. 겉은 비록 검지만, 자기 배설물을 바다에 함부로 버리지 않고 육지의 바위 위에 화장실을 정해 두고 배설할 정도로 매우 깔끔하다. 그래서 바다의 환경보호자라는 칭송까지 듣는다.

가마우지를 보면 눈물이 난다. 언제였던가. 중동 걸프전 때 원유를 시커멓게 뒤집어쓰고 죽어가던 모습을 잊을 수 없다. 교육방송의 환경 프로그램인 〈하나뿐인 지구〉에 간판 얼굴로 나오는 새가 바로 기름을 뒤집어쓴 가마우지이다.

하구둑에서 물길을 따라 위쪽으로 계속 올라가면 대저동을 지나 김해땅 조눌리(鳥訥里) 강마을에 닿는다. "새가 시끄럽게 지즐대는 마을"이라는 뜻이다. 새가 얼마나 많았으면 새소리가 마치 말더듬이〔訥〕들이 떠드는 소리처럼 들렸을까.

을숙도는 갈대밭을 거니는 운치가 그만이다. 군데군데 그림같이 앉아 있는 농막을 지나 무인지경인 남쪽 갈대숲 길을 거니노라면 거미줄 같은 물길에서 오리들이 평화롭게 노닐고 있다. 이따금 화들짝 놀란 새떼가 갈대밭에서 눈부시게 하늘로 솟아오른다.

잠수질이 가장 뛰어난 가마우지. 집단성 조류답게 가마우지는 해안가 절벽에 둥지를 틀고 여러 마리가 한데 모여산다.

을숙도 갈대밭의 텃새가 되다시피 한
청둥오리

갈대밭 물길의 터줏대감은 역시 오리류이다. 수심이 비교적 얕고 수초가 많기 때문이다.

청둥오리, 혹부리오리, 홍머리오리, 흰뺨검둥오리, 고방오리, 쇠오리 등 온통 오리 천지다. 청둥오리와 흰뺨검둥오리는 이곳이 좋아 아예 텃새처럼 산다. 개중에 겨울철새치고는 작은 축에 드는, 주홍빛 나는 밝은 갈색 머리를 한 홍머리오리 수놈이 연한 수초를 건져먹고 있다. 붉은 머리와 하얀 가로줄이 난 회색빛 몸통이 잘 어울린다.

을숙도의 새들을 제대로 만나자면, 명지포구로 가서 배를 타고 나가야 한다. 명지는 을숙도에서 진해 쪽으로 마주보고 있는 포구인데, 원래는 김해땅이었지만 최근 행정개편으로 부산 강서구에 편입되었다. 명지포구로 나가면 크고 작은 배들을 쉽게 빌릴 수 있다.

바다에서 막 돌아온 고깃배들이 눈부신 은빛 고기를 대바구니로 실어내고 있다. 찬 바닷바람에 시퍼렇게 언 얼굴들이지만, 젊은 어부들의 눈빛은 알래스카의 늑대만큼이나 힘차다.

　…흐르는 듯 잠겨 있는 기나긴 강물
　잊지 마라 예서 자란 사나이들아.
　이 강물 네 혈관에 피가 된 줄을…

　노산 이은상이 짓고 윤이상이 작곡했
다는 "낙동강"의 한 소절이다.
　상큼한 재첩국에 밥 말아먹고 이제 배
를 띄워 먼 바다로 나간다. 바닷바람이 매섭기 때문에 털모
자와 목도리로 단단히 무장을 해야 한다.
　배를 타고 한 2, 30분쯤 나가면 대마등, 장자도, 진우도
를 비롯한 이름없는 섬들이 파도에 실려 점점 다가온다. 순
모래섬인 이 무인도들은 물때에 따라 있다가 없다가 하는
낙동강 하구의 이어도들이다.
　논병아리들이 뱃전 가까이로 다가와 봐란듯이 자맥질한
다. 이들이 출싹대며 자맥질을 하자 나도 질쏘냐며 멀리서
흰죽지와 비오리 무리가 날아든다. 모두 잠수성 오리이다.
한강이고, 낙동강이고 가릴 것 없이 개발이랍시고 강변의
습지들에 시멘트를 쏟아부은 곳에는 어김없이 잠수성 오리
가 득세한다.
　포구를 떠나 처음 만나는 대마등은 영화에서나 볼 수 있
는 모래섬과 그 모래언덕을 뒤덮은 광활한 갈대밭으로 이
루어져 있다. 낙동강 고니들의 친정집이다. 마치 바다에 띠
워놓은 부표처럼 하얗게 떠 있다. 이 풍경을 배경으로 호수

명지포구에서 배를 타고 나가야 을숙도의 새
들을 제대로 만난다. 낚싯배는 시간당 5만 원
가량 한다.

같은 바다에 적게 잡아도 200마리는 됨직한 고니들이 모여 있다.

고니는 우리가 흔히 백조라고 부르는 새인데, 사실 백조 는 일본식 말이다. 을숙도에는 고니보다 덩치가 좀 큰 큰고 니가 많이 날아든다.

대개 고니는 머리와 목 부분만 연한 황갈색이고 온몸이 하얗다. 고니는 한번 맺은 짝을 평생 동안 바꾸는 법이 없 다고 한다. 그래서 부부 혹은 가족들이 붙어다니며 잠을 잘 때는 머리를 깃털 속에 묻고 한쪽 발을 든 채로 무리를 지 어서 자는데, 이런 습성 모두 밤사이 체온이 내려가는 것을 막기 위함이다.

고니는 덩치가 커서 비상할 때 두 발로 수면을 한참 달려 서 마치 활주로의 비행기처럼 가속도를 얻은 다음에야 겨 우 뜬다. 이때 에너지가 엄청나게 소비된다. 그런 줄 모르 고 사진 찍기 좋아하는 이들은 일부러 새들을 쫓아 날리는

대마등 갈대밭 위를 비상하는 고니(천연기념물 제201호). 기러기목 오릿과 겨울철새인 고니는 6월경 북쪽에서 산란·번식하여 11월쯤 새끼를 데리고 남하한다.

데, 정말 삼가야 할 일이다.

갈매기 날개 위에 부서지는 겨울햇살

대마등 너머에 장자도가 있다. 수천 수만 년 동안 인적이라
고는 없던 원시의 갈대숲 위로 펼쳐지는 철새들의 눈부신
군무는 정말 장관이다. 그 위로 쏟아지는 겨울햇살은 또 갈
매기의 날갯죽지만큼이나 눈부시다.

언젠가 TV에서 〈부산갈매기〉라는 드라마를 방영한 적이
있다. 그만큼 낙동강 하구에는 갈매기가 많다. 연안에 크고
작은 포구가 많으니 거기서 나오는 부산물들을 노리는 것
이다. 이곳에서는 괭이갈매기와 붉은부리갈매기, 재갈매기
를 흔하게 볼 수 있다.

괭이갈매기는 우는 소리가 고양이를 닮았다고 해서 붙은
이름이다. 등과 날개의 위쪽은 푸른빛 도는 회색이고 아래
쪽은 하얀 괭이갈매기는 꼬리에 까만 띠가 있어서 쉽게 알

노란 부리에 핑크빛 발
을 가진 괭이갈매기

맷과의 텃새, 솔개. 온몸이 검은 갈색빛이며 마치 테를 두른 듯 깃털 가장자리는 연갈색이다.

아볼 수 있다.

이 지역에서 가장 많이 볼 수 있는 붉은부리갈매기는 갈매기치고 덩치가 작은 편이다. 붉은 부리와 붉은 발이 특징이며, 괭이갈매기에 비해 예쁘다. 그러나 뱃전에서 떨어지는 고깃조각을 주워먹으려고 간혹 배 뒤를 따라다니기도 하는데, 그래서 '거지갈매기'라는 명예스럽지 못한 별명이 붙었다.

등이 잿빛인 재갈매기는 비교적 덩치가 좋은 편이다. 물위로 급강하하여 물고기들도 사냥하지만, 간혹 모래톱이나 갯벌 위를 점잖게 걸어다니며 무척추동물을 사냥하기도 한다.

장자도에서는 혹부리오리와 홍머리오리, 흑기러기, 큰기러기도 덤으로 볼 수 있다. 눈 좋은 사람들은 스코프를 빌리지 않고도 이들을 찾아낸다. 또 봄가을이면 도요새류와 물떼새 같은 나그네 새들도 장자도 주변의 크고 작은 무인도에 떼거리로 몰려들어 장관을 이룬다.

팽팽한 긴장감 속에서 벌어지는 야생의 대추격전
탐조를 마치고 포구로 돌아오는데, 흰꼬리수리가 모래언덕에서 솟아오른다. 그 아래에, 한강 이남에서는 드문 솔개도 몇 마리 무리지어 나무 위에 앉아 있다.

흰꼬리수리는 겨울이면 사냥감인 철새들을 따라 저 먼 홋카이도와 캄차카에서 날아온다. 흰 꼬리와 노란 부리를 빼놓고 온몸이 갈색이어서 초심자라도 쉽게 식별해 낼 수 있다. 양 날개를 다 펼치면 2미터가 족히 넘을 만큼 덩치가 크며, 날개도 비교적 넓고 긴 사각형이다. 어류와 조류는 물론 이고 토끼나 쥐 같은 포유류까지 먹어치우는 폭식가이다.

한강 이북지방에서나 흔히 볼 수 있는 솔개를 이곳에서 만나는 것은 뜻밖의 즐거움이다. 솔개는 산 쥐나 개구리도 사냥하지만 주로 죽은 동물을 먹으며, 도시나 해안에까지 날아든다.

낙동강 하구에 오면 이렇게 예상치 못했던 맹금류를 보는 즐거움이 있다. 드넓은 초원에 숨어서 지켜보노라면 TV에서나 볼 수 있는 야생의 대추격전이 팽팽한 긴장감 속에서 펼쳐진다.

교통
경부고속도로를 타고 양산인터체인지에서 꺾어서 35번국도로 접어들어 부산 사하구 하단까지 직진하면 낙동강 하구둑이다. 남해고속도로를 타면 김해시 냉정IC와 가락IC를 거쳐 곧바로 낙동강 하구둑에 닿는다. 열차는 구포역에서 내려 사하구 하단행 버스를 탄다. 부산시내에서도 을숙도를 거쳐 명지포구 가는 버스가 약 10분 간격으로 있다.

숙식
명지포구에 매운탕집과 횟집이 많다. 큰바다식당(051-271-2568), 강변식당(271-1616)

기타
낙동강 하구의 탐조에 대해서는 경상대 생물학과 우용태 교수(620-4643/741-9119)에게 도움말을 듣고 가면 금상첨화이다. 탐조용 선박에 대해서는 현지의 진목어촌계(271-0511)나 이기상 선주(271-1519)에게 연락하면 된다.

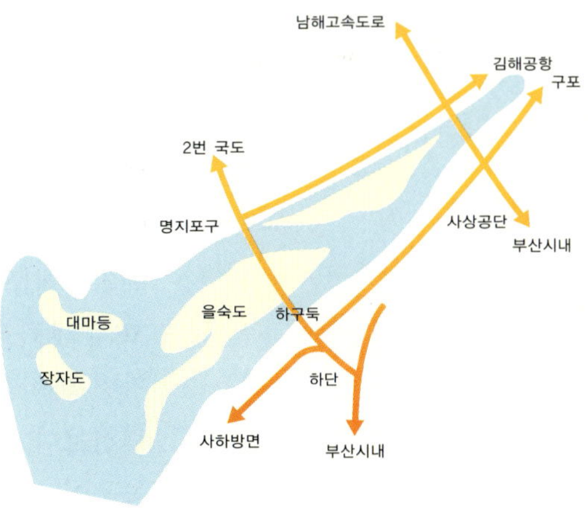

남해

남해 가는 길은 멀고도 멀다. 서울에서 버스로는 일곱 시간 이 족히 걸린다. 하지만 서울역에서 전라선 밤열차를 타면 시간도 단축하고, 열차가 주는 여행맛도 느낄 수 있다. 동 틀 무렵이면 하동에 닿는다.

하동에 내려서 버스를 타고 남해대교에 이르면 짭짤한 갯내음이 상큼한 새벽을 일깨운다. 밤새 바다에 나가 있던 고깃배들이 아침햇살을 등에 이고 포구로 돌아오는 시간이 다. 뭍 쪽은 하동땅 금남면 노량이고, 섬 쪽은 남해땅 설천 면 노량이다. 그 사이에 남해대교가 이어져 있다.

유배인들의 한맺힌 눈물이 모여 바다를 이룬 노량

남해는 유배의 섬으로 악명이 높았다. 그 옛날 한양에서 유 배를 내려오는 이들은 누구나 할 것 없이 노량에서 배를 타 고 남해로 건너갔다. 섬은 지척의 거리에 있지만 한번 건너 가면 돌아올 기약이 없으니, 여러 날 걸려 내려온 뭍의 천 릿길보다 더 아득했을 것이다. 이름도 유배인들의 한맺힌 눈물이 모여 바다를 이루었다는 뜻의 노량(露梁)이 아닌가 싶다.

하지만 눈물 찍으며 섬으로 건너간 유배자들은 섬의 자연과 풍광에 매혹되어 곧잘 자신의 처지를 잊고는 그 아름다움을 노래했다. 김구(金絿)도 그중 한 사람이다. 기묘사화로 뒤집기를 당해 13년 동안이나 유배를 살면서 「화전별곡」을 비롯하여 자연을 예찬한 여러 편의 글을 남겼다.

남해대교를 건너자마자 왼쪽으로 꺾으면 충열사에 닿는다. 해전에서 숨진 충무공의 유해를 처음 가매장했던 곳이다.

충열사 계단 주위는 느티나무, 팽나무, 벚나무 같은 활엽수와 동백, 후박, 사철, 종려나무 등 아열대 상록수로 잘 장식되어 있다. 계단 오른쪽에는 그 옛날 이곳이 동백군락지였음을 말해 주는 튼실한 동백들도 보인다. 마치 엄마에게 보채는 아이처럼 칭얼대며 마삭덩굴이 비탈진 땅에서부터 노목 줄기를 타고 담장 위까지 그득하게 올라가 있다. 따뜻

충열사 계단 양쪽에는 활엽수와 아열대 상록수가 잘 자라고 있다.

한 남쪽이라 그런지 잎사귀도 넓고 건강해 보인다.

　박정희 전 대통령이 기념식수한 히말라야삼나무와 배롱나무 한 그루가 마치 문무인(文武人)처럼 지키고 서 있는 충무공 묘소의 뒤쪽으로 돌아가면 사람 손으로 심은 측백나무와 대나무가 숲을 이루고 있다.

반송과 광나무 가로수

충열사에서 관음포까지는 5분 거리. 고려대장경 남해 분사도감이 있었던 옛 포구인 관음포 앞바다에서 충무공이 전사했다. 관음포 옆의 언덕에는 충무공 사당인 이락사(李落祠)가 앉아 있고, 소나무·대나무·동백·누운향·측백·호랑가시나무·삼나무가 그 주위를 둘러싸고 있다. 유지비각 주변에 있는 여러 그루 노송도 눈길을 끌지만, 들어가는 길목 좌우에 늘어선 반송들이 유독 돋보인다. 다른 반송에 비해 키가 커서 터널을 이루고 있다.

　가지가 무성해서 만지송이라고도 하는 반송은 유전적으로

담장을 장식하고 있는 마삭덩굴(왼쪽)
반송(오른쪽)은 줄기가 관목처럼 아래에서부터 여러 갈래가 나 있고 전체적으로 달걀처럼 생겼다. 가지가 무성해서 만지송이라고도 한다.

내림하는 소나무의 한 형질일 뿐, 종류라고는 보기 어렵다.

마늘은 남해의 특산물이다. 도로 주변은 몇 뙈기 채전밭 빼고는 온통 마늘밭이다. 늦가을에 김장배추를 뽑고 나면 그 밭에 마늘을 심어 이듬해 봄에 거둔다. 심지어는 논에도 마늘을 심어 2모작을 한다.

마늘밭 건너쪽으로 강진만에 접한 동도마 마을이 보인다. 인근에 쓰레기 매립장이 들어서 있어서 아쉽긴 하지만, 개펄과 민물습지가 함께 있어 생태적 가치가 매우 높다. 특히 동도마의 개펄은 창선의 동대개펄과 더불어, 서해안을 돌아 들어온 개펄이 거의 끝나는 지점으로 지리적으로도 중요한 위치에 있다.

동도마 개펄에는 바지락이 주종을 이루고 있으며 그 위로 붉은부리갈매기와 검은머리갈매기 그리고 이따금 노랑발도요와 중부리도요, 검은머리물떼새가 날아든다. 갈대밭 그늘이 어른거리는 곳에는 홍머리오리, 비오리, 흰죽지, 청둥오리 같은 겨울철새도 월동하고 있다.

남해의 특산물 마늘밭

남해읍에서 상주로 가다 보면 낯선 가로수들이 줄지어 지나간다. 난대 상록활엽수인 광나무이다. 남해안 지역의 산기슭에 흔하게 자생하는 광나무는 성장이 빠르고 움 돋는 힘이 강해서 간혹 민가의 울타리로 심기도 한다. 잘만 키우면 특색 있는 가로수가 될 것 같다.

남해읍을 지나면 삼나무가 산을 뒤덮고 있는데, 제주도와 마찬가지로 민둥산을 녹화하기 위해 일본에서 대량으로 들여와 심은 것이다. 따뜻한 기후에 잘 맞고 소나무보다 두 배나 빨리 자라고 덩치도 큰 삼나무는 이 같은 특성 때문에 남해와 서해 지방 곳곳에 식수되어 있다.

상록만경목인 송악이 자생하는 금산

이성계의 역성혁명을 도와준 금산 산신령

30번국도를 타고 내려오다 보면 왼쪽으로 금산으로 올라가는 길이 나온다.

고려 말 이성계가 남해안으로 왜구를 치러 왔을 때였다. 역성혁명을 꿈꾸고 있던 이성계는 산에 올라가 산신에게 매달렸다. 새 나라가 건설되면 온 산을 비단으로 덮겠다고 황당무계한 약속도 했다. 그 멋진 약속에 속아넘어간 산신은 이성계가 조선을 세우도록 해주었다. 산신의 힘을 빌려 나라를 세운 이성계는 고심 끝에 산의 이름을 금산으로 바꾸어 산신과의 약속을 지켰다고 한다.

금산 중턱에 자리잡은 보리암은 우리나라 3대 기도처 가운데 하나이다. 마음에 담은 세 가지 소원 중 하나는 꼭 들어준다는 소문이 나 있지만, 산 아랫마을에서 보리암까지 가는 길은 식생이 영 말이 아니다. 또 이중환의 『택리지』를 보면 "금산동천(錦山洞天)에는 고운 최치원의 글씨가 석벽에 남아 있다"고 씌어 있지만, 고운의 글씨는 어딜 가고 송악만이 무성하게 바위를 오르고 있다.

송악은 금산 38경 가운데 으뜸이라는 쌍홍문 앞 절벽에 붙어 튼실하게 자라고 있다. 죽기 살기로 절벽에 달라붙은 송악의 강건한 뿌리를 보면 생명의 외경마저 느껴진다. 그 모양새가 마치 죽음에 이른 자가 살려달라고 부처님에게 매달린 것처럼 애처롭기 그지없다.

처음 보는 사람들은 송악을 '담쟁이'로 알지만, 두 나무는 겉모습만 비슷할 뿐 전혀 다르다. 담쟁이는 잎이 지는 떨기나무이고, 송악은 늘푸른나무이다.

보리암에서 한참 더 내려가면 오른쪽으로 앵강만이 한눈에 굽어보이고, 앵강만을 끼고 돌아 3킬로쯤 가면 벽련포구가 나온다. 그 포구 건너편에 섬 하나가 누워 있다. 「구운몽」과 「사씨남정기」를 남긴 김만중이 유배 갔던 섬이다. 김만중은 왕의 인척인데도 외곬과 독설 때문에 절해의 섬에서 다시 절해의 섬으로 유배되는 극형을 받았다.

김만중이 유배를 살던 적지(適地)는 노도 포구에 내려 10분 넘게 산비탈을 타고 가야 만난다. 팔만 뻗어도 바닷물이 잡히는 경사진 가시덤불 속에 남은 터라고는 말라버린 우물 하나뿐이다. 이곳에서 김만중은 백성들과의 접촉도 금지된 채 4년이라는 세월을 살다가 숨을 거두었다.

벽련포구에서 바라다보이는 노도. 서포 김만중의 유배지였다.

멀리 북땅 아래 고향 그리워
원추리는 몇 포기나 새로 났는가…

유배중에 그가 남긴 시 속의 원추리는 간데없고 제비꽃 몇 송이만 어지럽게 흩어져 있다.

모래, 물, 해송숲이 어우러진 상주해수욕장
노도를 건너와 5분이면 상주에 닿는다. 남해 제일이라는 상주해수욕장의 명성은 지금도 여전하다. 질 좋은 모래, 바닷속이 훤히 들여다보이는 맑은 물, 청청한 해송숲이 삼박자로 맞아떨어지고 있다. 솔밭은 바람을 막아 모래를 지켜주고 모래는 바닷물을 맑게 걸러준다. 서로가 그물코처럼 얽혀 있기 때문에 어느 것 하나라도 삐끗하면 박자가 어긋나고 만다. 그런 날이 오면 상주해수욕장도 시궁창으로 변할 것이다.
금산에서 발원한 시냇물이 솔밭을 비켜 바다로 흐르고

남해 제1의 상주해수욕장의 해송숲

있다. 밀물 때는 바닷물이 들어와 수위가 높아진다. 이 시냇물은 사람들이 몰려드는 피서철을 제외하고는 늘 깨끗하다. 또 바다와 만나는 기수지라서 바다와 민물을 오르내리는 은어와 모치(새끼숭어)가 눈맛 좋게 돌아다니고, 큰 백로와 작은 할미새도 그들과 짝하며 놀고 있다. 바닷가의 파래도 이만큼이나 거슬러 올라와 자라고 있다.

다만 개울 좌우 호안을 시멘트로 처리한 게 아쉬울 따름이다. 하다못해 갈대나 물억새, 갯버들 따위로 덤불을 조성하면 생태구조가 지금보다는 훨씬 튼실해질 것이다.

해수욕장으로 나가면 방파제 하나가 바닷가를 둘로 가르면서, 해수욕장의 모래가 유실되는 것을 막고 시냇물이 해수욕장으로 직접 들어오는 것을 막아주고 있다. 또 작은 배들이 잠깐씩 쉬었다 가기도 한다.

이 방파제에서는 굴이나 게, 고둥, 집게, 따개비 따위가 관찰되는데, 특히 서해비단고둥이 눈에 많이 띈다. 그런데 서해비단고둥을 가만히 들여다보면 두 놈 중 하나에는 어김없이 집게가 들어가 있다.

집게는 고둥의 천적이다. 살아 있는 고둥을 공격하여 먹어치우고 빈 껍데기를 자기 집으로 삼는다. 물론 집 없이 알몸으로 기어다니는 집게도 간혹 볼 수 있다. 이렇게 적에게 고스란히 노출되어 있는 집게는 꼬리부분에서 점액질을 내어서 자신을 지키고자 하지만, 이 점액질이 오히려 적을 불러들이는 빌미가 되곤 한다. 그래서 노숙자 집게들은 망가진 고둥껍데기라도 뒤집어써야 한다.

나무박물관이라는 이름이 손색없는 방조어부림

상주에서 바닷길로 10킬로쯤 가면 그림엽서에 딱 어울리는 작고 아름다운 미조리 포구가 나온다. 그러나 이 아름다운 포구는 고려 때부터 걸핏하면 왜구들이 드나들며 분탕질을 해대어 최영과 이성계가 이곳까지 내려와 왜구들을 크게 혼내주었다고 한다.

포구의 언덕에는 조선 초에 지었다는 최영 장군당이 있다. 조선 초라면 왕이 된 이성계를 모셔야지, 왜 비운에 숨진 최영을 모셨을까. 여기서 우리는 '한(恨)'이라는 말로 상징되는 한국인의 정서를 읽는다.

장군당에는 상록수보다 낙엽 지는 활엽수가 더 많이 눈에 띈다. 잎을 떨군 숲 사이로 직박구리며 박새, 딱새, 딱따구리가 보인다. 딱새 한 쌍이 고맙게도 숲속에서 포르르 내려와 돌비석 난간에 앉더니 요리조리 포즈를 취해 준다.

딱새는 우리 텃새 가운데 가장 예쁜 새다. 물론 암컷보다 수컷이 더 예쁘다. 암컷은 덩치뿐 아니라 색깔도 누르스름

서해비단고둥 속에 들어 있는 집게(위) 덩치가 참새만한 딱새(아래)는 검은 머리와 주황색 가슴과 목에 하얀 선이 있어서 누구나 쉽게 알아본다.

미조리 무인사

한 갈색빛이어서 언뜻 보면 참새 같다. 하지만 참새나 오목눈이처럼 무리지어 다니는 경우는 거의 없다. 이따금 이름처럼 "딱딱" 소리내어 우는 딱새는 주로 나방이나 작은 곤충을 잡아먹는다.

미조리에서 3번국도를 타고 창선으로 가는 바닷길은 다도해의 아름다움을 유감없이 보여주고 있다. 이름만으로도 예쁜 쌀섬, 팥섬, 콩섬이 그림처럼 떠 있다. 「화전별곡」에 나오는 '일점선도(一點仙島)'가 바로 저기로구나 싶다.

10여 분을 달리면 물건리(勿巾里)라는 재미있는 이름의 마을을 만난다. 마을 뒷산의 형국〔勿〕과 마을 진산에서 나오는 시내〔巾〕를 상징적으로 나타낸 물건리 마을의 바닷가에는 풍치 좋은 숲이 자리잡고 있다. 약 300년 전에 어부들이 만들었다는 방조어부림(防潮漁夫林)이다. 숲 앞으로는 망망대해가 있고, 뒤로는 논뜰과 마을이 아늑하게 앉아 있다. 이 숲은 잎이 푸를 때도 아름답지만, 낙엽 진 숲도 그 아름다움이 색다르다.

주로 소나무를 해변의 방풍림으로 심는데 이곳은 모두가 활엽수이다. 수종도 다양해서 나무박물관이라 해도 송구스러움이 없다. 숲을 거닐며 나무이름 익히는 재미도 솔솔하다.

키가 큰 느티나무, 팽나무, 상수리나무, 참느릅나무, 푸조나무, 말채나무, 이팝나무, 아카시나무 같은 상급생 나무와 키가 작은 보리수, 산딸나무, 때죽나무, 소태나무, 동백, 광대싸리, 윤노리나무, 병꽃나무, 화살나무, 모감주나무, 쥐똥나무, 누리장나무 같은 하급생 나무가 여기저기서 고개를 내민다. 또 그들 사이로 인동, 담쟁이, 새머루, 줄딸기, 청미래덩굴, 청가시덩굴, 노박덩굴, 마삭덩굴이 유치원 아이처럼 형들을 따라다니며 칭얼거리고 있다.

한때는 이곳에서도 벌채를 했으나, 마을이 비바람의 피해를 심하게 당한 뒤로 숲을 지키기로 약조를 정하고 지금껏 숲에 당제를 올리고 있다.

숲 앞의 바닷가에는 파도에 닳고닳아서 동글동글해진 몽

천연기념물 제150호 물건리 방조어부림. 방풍과 방조를 목적으로 조성된 이 숲은 길이가 1.5킬로, 폭이 약 30미터이다. 활엽수로 이루어진 숲에는 2천여 그루의 상급생 나무와 8천여 그루의 하급생 나무가 들어차 있다.

돌이 쫘악 깔려 있어서 눈맛이 여간 즐겁지 않다. 어부들이
바닷속에서 불가사리들을 잡아 갯가에 건져놓았다. 불가사
리는 바닷속의 무법자답게 연안의 암초나 모래자갈 밑에
살면서 패류를 닥치는 대로 잡아먹기 때문에 어부들에게는
이만저만 골칫거리가 아니다.

　또 이따금 멸치떼가 맨손으로도 잡을 정도로 방파제 가
까이 들이닥친다. 관광객들이 그 모습을 보고 신기해서 어
쩔 줄 몰라한다.

극피동물인 불가사리는 바다의 무법자이다.

지족해협의 죽방렴

방조어부림에서 계속 차를 달리면 지족해협이다. 물길 위
로 창선교가 가로지르고, 다리 왼쪽의 바다에는 죽방렴이
쳐져 있다.

　지족해협은 지형상 간만의 속도가 빨라서 죽방렴을 설치
해 놓고 밀물을 따라 들어온 고기들을 가두어 썰물 때 따라
나가지 못하게 해서 잡는 전통 어로법을 여전히 사용하고
있다. 지금도 남해안에는 단원 김홍도의 풍속화첩에 나오
는 죽방렴이 몇 군데 남아 있다. 이 죽방렴에는 주로 멸치
와 병어, 보리새우, 감성돔 따위가 걸려드는데 그물로 잡을
때보다 상처가 없으니 당연히 일등품으로 쳐준다. 하지만
그렇게 많이 잡히는 것 같지는 않다.

　창선교를 건너 3번국도를 계속 타고 가면 단항마을에 닿
는다. 남해섬의 끝이 바로 이곳이요, 한반도를 동서로 잇는
3번국도가 시작되는 곳이기도 하다.

　한반도의 큰길은 모두 바다에서 시작된다. 남해섬을 건너

대나무발을 바다에 세워서 박아놓은 정치망(定置網)의 일종인 죽방렴

진주-산청-함양-거창-김천-문경-충주-이천-성남-서울로 이어지는 한반도 내륙도로인 3번국도는 서울에서 다시 의정부-철원을 지나 휴전선을 넘는다.

단항마을 바다 건너로는 사천(삼천포)이 보인다. 작은 카페리가 30분 간격으로 삼천포를 오가며 사람과 차량을 실어나르고 있다. 그러나 현재 공사중인 연육교가 완공되면 카페리 뱃길도 막을 내릴 것이다. 단항에서 왼쪽으로 돌아나가면 대벽리 도로변 아랫들녘에서 천연기념물 제299호인 왕후박나무를 만날 수 있다.

수령이 300년 가까이 되었다는 왕후박나무는 키가 무려 10미터에 가깝다. 한 줄기에 여남은 개는 됨직한 커다란 가지가 아래로 뻗어 보기만 해도 멋지다. 마을을 지켜주는 수호목이자 정자나무인 이 왕후박나무 아래서 해마다 음력 섣달 그믐날이면 동제를 모시고 풍어와 풍년을 기원한다. 노구에도 불구하고 충치 하나 없이 노익장을 자랑하게 된 것도 마을사람들의 정성 덕분이 아니겠는가.

이 나무에는, 한 어부가 큰 고기 한 마리를 잡았는데 그 뱃속에서 씨앗이 나와 심었더니 왕후박나무가 되었다는 전설이 내려온다. 왕후박나무의 고향이 아열대지방인 점을 고려하면, 적어도 고기 뱃속은 아니었다 해도 그 씨앗이 파도를 타고 먼 남쪽나라에서 건너왔다는 가설은 충분히 설득력이 있다.

이 밖에도 봉전마을의 백로 서식지를 비롯하여 호구산군립공원의 편백나무군락, 문항마을 개펄을 함께 돌아보는 것으로 남해 생태기행을 마무리하면 좋을 듯싶다.

교통
서울에서 하루에 두 차례 직행버스가 있지만, 전라선 밤열차가 편하다. 하동에서는 30분마다 남해행 버스가 있다. 남해에서는 군내버스가 수시로 구석구석까지 다닌다.

숙식
군청(055-860-3228)이나 한려해상국립공원(863-3521)에 연락하면 쉽게 정보를 얻을 수 있다. 삼천포 가는 뱃길 문의는 833-0088로 하면 된다.

능가산의 금붓꽃

변산

먼 옛날 변산 바닷가에 개양할미가 살았다. 개양할미는 키가 얼마나 컸던지 굽 달린 나막신을 신고 서해를 걸어다녔다. 어부들에게 바다 깊이를 알려주고 비구름이 바다 어디쯤에 와 있는지도 척척 알아서 일러주었던 개양할미에게는 딸이 아홉 있었는데, 팔도로 모두 시집보내고 막내딸만 데리고 수성당에 들어가 살았다.

변산 바닷가에 전해 오는 어로신앙(漁撈信仰) 설화이다.

이번 걸음은 봄이 오고 있는 변산으로 길을 떠난다. 변산 가는 길은 김제에서 들어가야 정감이 난다.

정감 있는 '징개맹개 외배미들'

김제로 접어들면 북쪽 만경과 남쪽 동진강이 만들어내는 드넓은 평야가 펼쳐진다. 이 너른 들을 이곳 사람들은 흔히 '징개맹개 외배미들'이라고 부른다.

그 넓은 외배미들을 지나노라면 섬처럼 군데군데 둔덕이 떠 있고, 30~40년생 소나무들이 콩나물시루처럼 소복하게 덮여 있다. 굵기도 모두 고만고만하다. 동학농민전쟁의 원인 제공자였던 조병갑이 이 나무들을 닥치는 대로 베어내 만석보를 만들었다가 혼쭐이 났다. 수종은 리기다가 대부분이다. 활엽수는 거의 눈에 띄지 않고 리기다 그늘에는 키 작은 관목들만 자리하고 있다.

김제에서 23번국도를 타고 동진강을 건너는데, 노을을 실루엣으로 하고 새우배가 한가롭게 쉬고 있다. 이제 머지 않아 새만금공사가 끝나면 저 새우배들도 끝장날 것이다. 철새도 아쉬운 듯 낙조를 바라보고 있다.

동진강을 건너면 부안까지는 10분 거리다. 가는 길목에 계화도로 가는 길이 나 있다. 얼마 전까지만 해도 소금창고가 있었던 염창을 지나면 계화들녘이 끝없이 펼쳐진다. 계화도를 중심으로 여러 개의 섬과 육지를 이어서 개간한 이 들녘은 자그마치 여의도의 6배나 된다. 그후 섬진강댐 건설로 고향을 잃은 임실사람들을 이곳으로 이주시켜서 농사를 짓게 하였다. 한때 이곳에서 나는 쌀은 '계화미'라 하여 인기가 대단했다.

1963년경 계화도를 중심으로 여러 개의 섬과 육지를 이어 개펄을 간척한 계화 농경지는 규모가 여의도의 6배나 된다.

계화마을 앞에서 변산으로 이어진 십리 둑방길 왼쪽으로 간척 때 생긴 크고 작은 습지들이 흩어져 있다. 우수 경칩이 지났지만, 아직도 겨울철새 수백 마리가 갈대밭가에 웅성웅성 모여 있다.

제2의 시화호로 변해 가는 새만금 개펄

제방 위에 올라서면 새만금 간척지구가 끝도 없이 펼쳐져 있다. 하지만 저 개펄도 얼마 안 있어 담수호 속으로 가라앉을 것이다.

새만금사업은 전북지역 개펄의 90퍼센트를 매립하는 세계 최대의 간척사업이다. 정부는 '농업기반 공사'라는 그럴싸한 이름을 내걸고 전시관까지 지어 홍보에 열을 올리고 있지만 개펄파괴와 환경오염, 어민소득 감소, 어장피해뿐 아니라 눈덩이처럼 불어나는 예산 문제, 혈세낭비 등으로 이미 제2의 시화호로 되어가고 있는 상황이다. 개펄 위로 노을은 아름답지만, 이대로 가다가는 생태계가 완전히 파

간척 때 생긴 습지

전북지역의 개펄 90%를 매립하는 세계 최대의 간척사업, 새만금사업으로 개펄(오른쪽)은 물론 생태계가 파괴될 위기에 놓여 있다.

괴될 것은 불을 보듯 뻔하다.

담수호가 생기기 전까지는 맛조개 한 알이라도 더 캐기 위해 마을사람들은 날이 저물도록 개펄에 나가 살았다.

705번 둑방길은 변산으로 가는 30번국도와 이어지고, 그 국도를 따라가면 해창천 하구를 만난다.

해창천을 거슬러 올라가면 부안댐, 그 댐 끄트머리 백천 내에는 부안종개가 살고 있었다. 부안에만 산다는 민물고기이다. 지금은 일반인들의 출입이 금지된 상수원 보호구역 안으로 숨어들어 눈에 잘 띄지 않는다.

이처럼 동물과 식물 이름 중에는 광릉요강꽃, 남산제비꽃, 미호종개, 아무르쇠딱다구리 등 서식지나 처음 발견된 지역의 이름이 앞에 붙은 것이 많다. 이를테면 시골의 택호(宅號)와도 같은 느낌이 들어서 정감이 간다.

변산의 천연기념물
변산에는 천연기념물이 꽤 많다. 중계리 꽝꽝나무를 비롯하여, 미선나무군락, 격포 후박나무군락, 도청리 호랑가시나무군락 등이 있다.

천연기념물 124호 꽝꽝나무는 부안댐 호안마을인 중계리에 서식하고 있다. 이름이 재미있는 꽝꽝나무는 감탕나뭇과에 속하는 상록관목이다. 제주도 남부를 비롯하여 따뜻한 남쪽 섬에 자생하는데, 내륙에서는 이곳의 꽝꽝나무가 가장 북쪽에서 산다. 1미터 남짓한 난쟁이 나무이지만, 나뭇가지가 많아 무척 탐스럽다.

중계리 이웃마을에서 자라고 있는 미선나무도 세계 1속 1종의 희귀식물이다. 우리나라에서 최대 규모의 군락지인 이곳 미선나무군락은 천연기념물 370호로 지정되어 있다.

해창천 하구에서 30번국도로 계속해 달리면 새만금 간척사업 전시관이 나온다. 방조제가 시작되는 바닷가에 거창하게 자리잡고 있지만, 눈길을 끄는 것은 그 전시관 길 건너편에 있는 반송(盤松)이다. 어미 반송 아래 작은 반송도 한 그루 서 있다. 마치 아이 등교 길을 바래다 주기 위해 길가에 나와 선 모자 같다.

그러나 주위환경이 쓰레기장처럼 너저분하다. 나무 손질은 못하더라도 주변 청소라도 해두면 좀 좋으랴 싶다. 나무도 돌보기 나름이다. 주인 잘 만났으면 호의호식했을 팔자인데…. 이런 걸 보면 동·식물에게도 팔자라는 게 있

새만금 방조제 초입에 방치되어 있는 반송나무

나 보다.

변산해수욕장의 해송숲을 돌아보고 곧장 달리면 불과 10여 분 거리에 격포가 있다. 개양할미가 살고 있는 수성당은 격포 못미처 오른쪽 적벽강 위에 있다.

조릿대군락 사이로 난 들길을 접어드니 산새와 들새 몇 종류가 길을 안내한답시고 쪼르르 날아간다. 개중에서 가장 예쁜 딱새가 길앞잡이로 나섰다.

수성당 옆에 잘 자란 후박나무 한 그루가 서 있고, 그 아래쪽에는 후박나무군락이 푸르게 자리하고 있다.

제주도와 울릉도 같은 섬에는 후박나무가 흔하지만, 내륙에서는 바닷가에서만 관찰된다. 특히 북방한계림인 이곳의 후박림은 담녹색 꽃이 피는 가을이나 자홍색 열매가 열린 때에 찾아가면 더욱 아름답다.

후박림 아래로 아름다운 적벽강이 바닷가를 따라 이어진다. 그 바닷가에 서면 칠산 앞바다가 망망대해로 펼쳐지고, 위도가 건너다보인다.

위도 하면 국보급 민속놀이인 띠뱃놀이보다 1993년 가을의 훼리호 사고가 먼저 떠오른다. 292명의 인명을 앗아간 참사도 참사이지만, 언론의 일방적이고 무책임한 보도가 인권을 얼마나 철저하게 유린할 수 있는가를 뼈저리게 보여준 사고였다. 당시 신문과 TV는 확인도 하지 않은 채 선장이 훼리호가 침몰하는 순간 탈출했다고 보도했다. 언론은 뺑소니친 선장의 얼굴을 대문짝만하게 싣고, 경찰도 전국에 지명수배를 내렸다. 그리고 사고가 난 지 나흘째 되는 날, 잠수부들은 바닷속에서 선장의 시신을 건져올렸다. 선

천연기념물 제123호 후박나무군락(왼쪽)과 녹나뭇과의 상록 난대수종인 후박나무(오른쪽)

장은 최선을 다한 뒤 배와 함께 최후를 마쳤던 것이다. 선장의 사망이 확인되자 언론은 자신들의 죄과를 모면하기 위해 다시 선장 영웅만들기에 우르르 나섰다.

서해 훼리호 사고는 떠올리고 싶지 않은, 그러면서도 결코 잊어서는 안 될 교훈을 우리에게 주고 갔다. 위도를 향해 떠난 이들의 명복을 빌며 이제 채석강으로 간다.

강이 아닌 강, 채석강

채석강은 적벽에서 마주보이는 곳에 자리하고 있다. 더러 채석강을 강(江)인 줄 알고 찾아오는 이들이 적지 않다. 채석강은 닭이봉〔鷄峰〕 일대의 1.5킬로에 이르는 층암절벽과 바다를 총칭하는 지명이다.

채석강은 주위의 풍경이 당나라 시인 이태백이 술을 마시며 놀았다는 중국의 채석강과 흡사하다 하여 붙여진 이름일 뿐, 별다른 역사적 의미가 없다는 게 좀 싱겁다.

서해안의 채석강은 간만 차가 심하므로 물때를 맞추어

가야 그 아름다움을 볼 수 있다. 그걸 모르고 왔다가 헛걸음하고 돌아가는 이들이 많다. 자연은 아무 때나 또 아무 앞에서나 벌거벗는 창녀가 아니라는 걸 아는 사람은 안다.

채석강 바닥에서는 게, 말미잘, 홍합, 집게, 해초류 같은 다양한 연안생물들을 관찰할 수 있다.

말미잘은 몸통 위쪽에 촉수가 나 있는데, 그것을 건드리면 몸을 옴츠린다. 아이들은 그 모습을 보고 무척 신기해한다. 그러나 길고 가는 끈 모양의 이 촉수에는 독선(毒線)이 있어서 그걸로 작은 물고기며 플랑크톤을 잡아먹는다.

격포를 지나 30번국도를 타고 내소사로 가는 길은 문자 그대로 환상적인 바닷길이다. 모래밭과 개펄이 번갈아 가며 끝없이 나타나는 이 바닷가에 자그마한 포구들이 정겹게 손을 잡고 있다. 특히 모항은 이름만큼이나 아름답다.

그러나 모항의 정감어린 풍경화 속에는 핏빛 역사가 서려 있다. 해방 후 어지러운 때 이곳은 빨치산과 국군이 엎치락뒤치락하며 피를 뿌렸던 비극의 현장이다. 빨치산 출

강장동물 산호강에 속하는 말미잘(왼쪽)은 몸통이 원통 모양이고 그 위쪽에 입과 촉수가 있다.
채석강의 층암절벽(오른쪽). 수성암이 파도에 침식되어 이루어진 해안단구이다.

신 이태의 소설 「남부군」에 그때 그 뜨거운 이야기들이 담겨져 있다.

격포를 벗어나자마자 리조트 짓느라고 산기슭을 깔아뭉개고 있다. 그 산기슭이 변산으로 이어져 있다는 것까지 생각해 내지 못하는 생태맹의 결과이다.

그나마 바닷가 산기슭에는 해송들이 울창하고, 다행히 그 아래 어린 해송들도 송송 올라오고 있다. 후계목이 자라지 못하는 숲은 이미 그 수명이 다한 숲이다.

모항이 가까운 도천리 길가 기슭에도 호랑가시나무 군락이 풋풋하게 자리잡고 있다. 아열대지방의 호랑가시나무는 태반이 3미터가 훨씬 넘지만, 이곳 호랑가시나무는 겨우 2미터 남짓하다. 호랑가시나무는 동백이나 꽝꽝나무, 탱자나무처럼 가지가 무성하며, 초록색 가시나뭇잎에 빨간 열매가 달린다. 그래서 크리스마스 카드에 단골로 등장하곤 했다.

남쪽나라에서 파도를 타고 예까지 올라온 것이 대견스럽다. 사실과는 다르지만, 호랑가시나무라는 이름은 호랑이가 등이 가려울 때 그 가시잎에다 대고 긁는다고 해서 붙은 것이다. 군락지 뒤로 어린 묘목도 많이 심어놓았다.

감탕나뭇과의 난대성 활엽수 호랑가시나무. 도천리의 호랑가시나무 군락은 천연기념물 제122호로 지정되어 있다.

소문난 내소사 전나무숲

모항에서 내소사까지는 불과 10분 거리. 내소사 들머리 삼거리에 삼나무 대여섯 그루가 검문하는 헌병들처럼 서 있다. 상록수에 속하지만, 겨울에는 짙은 적록색을 띤다.

내소사에 내리면, 일주문께에 여러 백년은 족히 묵었을 당나무 두 그루가 늠름하게 서 있다. 할아버지당나무는 절 안에 있고, 할머니당나무는 절 경계 밖에 있다. 할아버지가 할머니를 절 밖으로 내쫓으셨나, 아니면 출가한 남편이 집으로 환속하기를 기다리며 절집 안을 기웃거리고 있는 겐가.

일주문을 들어서면 능가산이 병풍처럼 펼쳐지고, 그 가운데 가인봉(佳人峰)이 그림 같다. 내소사는 그 가인봉의 혈에 맺힌 한 송이 꽃이다.

소문난 전나무숲은 그 산자락에 그윽하게 펼쳐져 있다.

나무는 심기만 한다고 다 잘 자라는 것이 아니다. 생육의 조건이 맞아야 잘 크는 법이다. 전나무는 습한 곳을 좋아하여 주로 산기슭이나 계곡 쪽에 자생하는데, 내소사 전나무숲은 계곡을 끼고 있기 때문에 최적의 조건이라 할 수 있다. 반백년 전 내소사 스님들의 생태적 안목에 놀라지 않을 수 없다.

그에 비하면 요즘 스님들의 생태적 안목은 제로에 가깝다. 식생조건은 전혀 고려치 않고 나무 모양만 보고 외래종 나무를 절집 여기저기다 마구잡이로 심지를 않나, 방생한답시고 외래종 거북을 전국 방방곡곡에 풀어놓아 토종 물고기 씨를 말리지 않나….

내소사에는 사시장철 지지 않는 꽃이 피어 있다. 대웅전 소슬꽃창살이 바로 그것이다. 연꽃과 국화를 사방무늬에 담은 이 꽃창살은 꽃을 하나하나 따로 조각하여 짜맞춘 것이다. 단청을 하지 않아 눈맛을 더욱 편안하게 해준다.

대웅전 내부의 벽화와 단청도 일품이다. 절집의 뛰어난 벽화들은 거의가 새들이 그린 것으로 나온다. 강진 무위사

사시장철 피어 있는 내소사 꽃창살

계곡을 끼고 그윽하게 펼쳐져 있는 전나무숲.
습한 곳을 좋아하는 전나무의 습성을 잘 살린 예이다.

의 벽화는 파랑새가 그렸고, 내소사의 벽화는 황금새가 그렸다고 한다. 게다가 내소사의 벽화에 얽힌 이야기도 전해져 내려온다. 황금새가 벽화를 그리고 있는데 그 모습을 상좌스님이 몰래 훔쳐보는 바람에 황금새가 그만 붓을 던지고 달아났다는 것이다.

전설 속의 파랑새나 황금새의 모습을 종합해 보면 영락없는 꾀꼬리이다. 여름철새인 꾀꼬리는 온몸이 연둣빛 황금색이고 눈가에서 뒷머리를 돌아 검은 띠를 두르고 있으며 날개와 꼬리에 검은 깃털이 나 있다. 꾀꼬리는 절이나 민가가 가까운 산간의 활엽수 가지 끝에 둥지를 틀고 살지만, 사람을 싫어해서 숲 밖으로 거의 나오지 않아 눈에 잘 띄지 않는다. 어쩌면 산속의 스님들을 닮았는지도 모르겠다.

내소사를 나와 줄포를 향해 바닷길을 달리다 보면 한적하고 광활한 곰소 염전을 만난다. 봄이면 염전일도 바쁘다. 바닥을 다져야 하기 때문이다. 그냥 바닷물만 가둬놓고 말

곰소 염전

린다고 소금이 생기는 것은 아니다. 거기에는 시간과 땀을
쏟아부어야 한다.

염전 위로 눈부신 햇살이 쏟아진다. 소금밭 위로 소금
같은 햇살이라니…. 삶의 지팡이인 양 작대기를 짚고 수차
를 돌리는 염부, 소금을 이고 둑을 걸어가는 염부의 아낙,
금방이라도 쓰러질 듯한 시커먼 소금창고와 그 앞에서 소
꿉놀이를 하는 그의 아이들…. 실루엣은 그대로가 한 폭의
그림, 한 편의 시이다

바로는 쳐다볼 수 없는 햇빛, 태양은 저렇게 해서 자신
의 또 다른 모습을 드러낸다.

교통
서울 남부터미널에서 30분마다 부안 가는 차편이 있고, 전
주·광주·대전에서도 자주 있다. 읍내에서 변산을 일주하는
군내버스도 1시간 간격으로 있다.

숙식
국립공원이라 적지적소에 숙소(063-583-7600)가 있어서
불편하지 않다. 읍내 식당들(584-3075/0075)을 비롯하여
채석강에도 식당(584-7808)이 있고, 내소사 부근에도 식당
(582-7281/582-7264)이 많다. 군청(580-4251)이나 공원관
리소(582-7808)에 문의해도 좋다.

스님들이 돌보는
능가산의 봄꽃들

변산반도는 참으로 아름다운 땅이다. 아름다운 자연이 있고 오랜 역사가 있고 고색창연한 문화유산이 있다.

특히 방금 바닷바람에 얼굴 씻고 나온 소녀처럼 변산의 자연은 어딜 가나 해맑다. 산이며, 들이며, 계곡이며, 바다며… 늘 풋내가 싱그러운 그런 곳이다. 그래서 변산은 예부터 이상향으로 일컬어져 왔다.

능히 그곳에 이르기 어려운 이상향

『동국여지승람』은 변산을 신선들이 사는 '천부(天府)'라 했고, 격암 남사고(南師古)도 이곳을 "기근과 병란이 없는 십승지지"라고 했다. 또 "살아서는 변산에서 지내고 죽어서는 순창에 몸을 묻는다(生居邊山 死居淳昌)"는 속담까지 있다. 그래서 지금도 변산에는 상투 튼 도인들이 도학을 공부하며 이상향을 살고 있다.

변산은 허균이 조선조 사회소설의 효시인 「홍길동」을 집필한 곳으로 알려져 있다. 홍길동이 백성을 이끌고 건너갔다는 이상향 '율도국(栗島國)'이 변산 앞바다 위도라고도

변산해변

전해지고 있다.

그러나 뭐니뭐니해도 이상향 변산을 '능가'라는 말보다 더 적절하게 표현한 것이 또 있을까 싶다. 능가는 "능히 그 곳에 이르기 어렵다"라는 뜻의 인도 말이다. 변산은 심산유곡을 안고 있는 내변산과 바닷가 절경을 안고 있는 외변산으로 나누어지는데, 내변산의 다른 이름이 능가산(楞伽山)이다.

이번 기행은 만개한 봄을 만나러 능가산으로 간다. 능가산 가는 길은 여러 곳에 나 있으나, 이번 걸음은 울금바위가 아름다운 개암사로 들어간다.

걸어 들어가는 맛이 좋은 숲을 지나

아담한 절집에 비해 턱없이 웅장하고 화려한 일주문을 지나면 솔밭과 전나무숲이 시작된다. 오솔길 왼쪽에는 솔밭이 있고, 개울이 있는 오른쪽으로는 건장한 전나무숲이 시작된다. 길 왼쪽 솔밭도 원래는 전나무숲이었으나, 지금은 소나무숲이 되어 있다. 이웃사촌인 두 나무를 비교해 볼 수 있어서 좋다.

소나무와 전나무는 생김새는 사촌이지만, 서로 성질이 다르다. 소나무는 햇볕을 좋아하는 양수이고, 습한 데서도 잘 자라는 전나무는 음수이다. 그래서 대개 소나무는 토질이 척박한 위쪽에서 자라 직근이 발달하고, 산기슭이나 계곡 쪽에 있는 전나무는 측근이 발달한다.

옛 절은 걸어 들어가는 맛이 좋다. 개암사도 그렇다. 숲이 있고 산이 있고 물이 있기 때문이다. 어떤 이들은 하기 좋은 말로 "우리나라 좋은 곳은 다 절이 깔고 앉았다"고 하지만, 그건 모르는 소리다. 절이 거기에 없었더라면 그 숲이 여태껏 어찌 살아남았겠으며, 숲이 거기 없었다면 절이 그 산속에서 천년을 어떻게 버텼을까. 숲이 망하면 절집도 망하고, 절집이 망하면 숲 또한 온전치 못하다.

또 여럿이 여행을 하다 보면 더러 "명당이라는 명당은 무덤이 죄다 깔고 앉았다"는 푸념을 듣는다. 실제로 여행길 차창 밖으로 솔밭 가운데 누워 있는 무덤을 심심찮게 볼 수 있다. 하지만 이 역시 거기에 무덤이 있었기에 숲이 온전할 수 있었다는 것을 생각해 보라. 무덤이 거기 있음으로 해서 몇 그루나마 소나무가 살아남을 수 있었던 것이다.

무덤가의 소나무를 도래솔이라 하는데, 그 도래솔을 베면 집안이 망한다는 속담이 있다. 조상들은 이 같은 속담을 만들어내면서까지 솔밭을 지켜왔다. 무덤이 없어지는 날은 곧 소나무가 베어지는 날이다. 또 일년에 몇 차례 성묘 가는 날은 그대로가 환경감시 가는 날이었다.

숲이 끝난 곳에 개울이 있고, 그 개울 건너에 경내로 오르는 정감 어린 돌다리와 돌계단이 있다. 그 좌우로 덩치 좋은 느티나무와 대숲이 있었다. 느티나무는 온전한데, 대숲은 모조리 베어지고 없다. 절에서 그 자리에다 뭔가를 세울 모양이다.

이렇듯, 있던 것이 갑자기 없어지거나 없던 것이 느닷없이 들어서면 주변에 사는 동물과 식물이 바짝 긴장을 하게 마련이다. 살아 있는 것들을 함부로 겁주지 않는 것도 불살생이요, 방생이다.

최근 절집의 주위 자연환경이 파괴되고 있는 것을 자주 본다. 불가에서는 절집을 새로 짓거나 복원하여 크게 늘리는 것을 불사(佛事)라고 한다. 불사 크게 벌이는 스님이 능력있고 인기있는 스님으로 존경받는 시대는 불행한 시대다. 개발 바람으로 산속까지 오염되었다는 것은 서글픈 일이 아닐 수 없다.

느티나무 아래로 머위가 군락을 이루고 있다. 절집 보살님들의 자비심 어린 손길 때문인지, 머윗잎이 호박잎보다 더 크다. 머위는 산골 습지나 논둑에서 흔히 볼 수 있는데, 요즘 잎과 잎자루 줄기를 따서 나물이나 국거리로 즐겨 먹는 봄나물이다.

자연을 보는 눈이 빼어난 스님이 연출한 경내
개암사는 백제 묘현대사가 삼한의 궁터에다 세운 절이다.

국화과 여러해살이풀 머위는 3, 4월에 연한 황록색 바탕에 자줏빛 꽃술이 달린 꽃이 피고 6월에 씨앗이 여문다.

이 절은 경내를 삼등분하여 가람을 아기자기하게 배치하고 있다. 조선 중기 때 중창한 팔작집 대웅전은 그대로가 산속에 핀 한 떨기 꽃이다. 더욱이 법당 앞에 서면 능가산 산등성이의 유연한 흐름과 그 꼭대기에 우뚝 솟은 두 덩어리의 울금바위가 환상적이다. 참으로 아름다운 절이다.

개암사 경내는 그대로가 식물원이다. 여느 절집보다 식생이 다양하다. 거의가 사람 손으로 가꾼 것인데도 전혀 그런 티가 나지 않는다. 산중에 사는 스님네는 어느 누구 할 것 없이 모두가 뛰어난 조경사들이다. 자연의 품속에 살다 보니 알게 모르게 자연을 보는 눈높이를 갖게 된 것이다.

법당 앞에 수선화가 파랗다. 옛사람들은 동백과 함께 겨울꽃으로 쳤다지만, 이곳에서는 이른봄에 핀다. 아쉽게도 꽃은 이미 다 지고 잎만 남았다. 이렇게 수선화가 지고 나면 다른 꽃들이 다투어 핀다. 그래서 같은 꽃밭에 있어도 꽃 피는 시기가 다르면 서로들 몰라본다.

불두화(佛頭花). 연녹색 어린 가지는 자라면서 황갈색을 띠다가 마침내 잿빛이 된다.
개암사 대웅전. 뒤로 능가산의 유명한 산등성이와 우뚝 솟은 울금바위가 잘 조화를 이루고 있다.

법당 석축계단 한 모퉁이에는 불두화가 있다. 꽃모양이 부처님의 머리를 닮아서 불두화라는 이름이 붙었다. 오랜 사찰이라면 법당 앞에 한두 그루쯤은 심어져 있는 꽃이다.

그러나 이 꽃이 불교와 인연이 깊은 것은 꽃모양만이 아니다. 불두화는 씨를 못 맺는 중성화이다. 못 맺는 게 아니라 스스로 안 맺는 것이다. 출가한 수도자처럼 더는 괴로움의 덩어리인 몸을 받지 않으려는 몸짓이다. 간혹 수국백당이라고도 하지만, 유성화가 피는 수국백당과는 번식방법이 다르다. 불두화는 삽목 외에는 달리 번식방법이 없다.

또 법당 앞에는 빨간 열매를 단 호랑가시나무 한 그루가 보이고, 응진전 뒷담에는 송악덩굴이 담을 온통 뒤덮고 있다. 이곳에서 가까운 선운사에서 얻어다 심은 것인지도 모르겠다.

송악의 무수한 가지가 그물 모양을 만들며 벽을 타고 올라가기 때문에 더러 담쟁이덩굴로 잘못 알기도 한다. 죽기살기로 담벽에 달라붙은 송악의 잔뿌리를 보면 누구나 생명의 외경을 느낀다.

응진전 옆에 형제처럼 우뚝 서 있는 비자나무 두 그루 역시 남쪽 어느 절에서 옮겨왔을 것이 분명한데도 절집보다 더 오래 그 자리에 있었던 양 천연덕스럽다. 비자나무 아래 고운 잔디밭에 앉아 잠깐 마음을 놓는다. 몸과 마음이 쉴 새 없이 움직이면, 자연의 품속에 안겨서도 자연의 소리 듣기 힘들고 자연의

담을 뒤덮은 송악덩굴. 담쟁이덩굴로 오인하지만, 담쟁이는 떨기나무이고 송악은 늘푸른나무이다.

빛깔 살펴보기도 어렵다.

둘러보면 능가산의 5월 빛깔은 온통 신록이다. 하지만 신록이라고 다 같은 신록이 아니다.

대밭이 만들어내는 신록이 다르고, 솔밭이 만들어내는 신록이 다르며, 느티나무가 만들어내는 신록이 다르다. 또 같은 나무라도 새순과 작년의 순이 서로 다르고, 음지와 양지가 다르고, 산기슭과 산중턱의 색깔이 다르다.

숲에 눈이 익은 이들은 먼 산의 색깔만 보아도 그곳 숲의 나무 이름을 알아맞힌다. 옛 스님들이 그랬을 것이다. 자연의 소리도 마찬가지이다. 이것은 박새, 저것은 쇠박새, 또 저것은 곤줄박이 소리….

이렇듯 마음을 놓으면, 들리지 않던 소리도 들리고 보이지 않던 것도 보인다. 마음놓음은 자기낮춤〔下心〕이다. 나를 낮추면 세상의 모든 것이 다 보이고 들린다. 그래서 옛 스님들에게 하심은 곧 수행의 한 방편이었다.

법당 뒤로 돌아가니 히말라야시드 한 그루가 눈에 들어온다. '시드'란 삼나무라는 뜻인데, 우리말로는 개잎갈나무라고 부른다. 절집하고는 궁합이 안 맞는 이 외래종 나무를 최근 들어 절집에서 왕왕 보게 된다.

개암사에 오면 요사채 토담을 보는 작은 즐거움도 있다. 깨져서 못쓰게 된 기와를 켜켜이 박아넣은 토담이다. 황토가 주는 질감과 암키와들이 자아내는 부드러운 연속무늬가 절묘하게 잘 맞아떨어지고 있다. 그 담장에 이어진 돌축대도 전혀 무거워 보이지 않는다.

황토의 질감과 암키와의 부드러운 연속무늬가
절묘한 요사채의 토담(왼쪽)
키가 약 15센티의 자그마한 금붓꽃. 밝은 노란
색 안쪽 꽃잎은 길쭉한 타원 모양이고 바깥쪽
꽃잎은 세 갈래 져 있다. 3~4개의 잎은 뿌리
에서 모여난다.

길섶에는 금붓꽃이, 숲속에는 둥굴레가

이제 대웅전 뒤로 해서 울금바위로 향한다. 거기서 20분 남
짓한 거리다.

능가산은 소나무와 참나무류의 혼합림이다. 물론 참나무
라는 이름의 나무는 처음부터 없었다. 다만 참나뭇과에 속하
는 나무가 있을 뿐이다. 굴참나무, 굴피나무, 신갈나무, 떡갈
나무, 밤나무, 상수리나무 등을 두루 참나무라고 부른다.

굴참나무는 참나무 종류 가운데 나무껍질이 가장 두껍
다. 그걸 벗겨서 굴피지붕도 잇고, 소주병 코르크 마개도
만들었다.

오솔길 길섶 그늘에 금붓꽃 몇 포기가 해맑은 얼굴을 하
고 숨어 있다. 얼마 전에 매스컴을 탔던 희귀종 노랑붓꽃과
흡사해서 능가산을 찾는 이들이 하나같이 착각하는 꽃이다.

그러나 금붓꽃 역시 우리나라에만 자생하는 특산종 붓꽃
이다. 현재 금붓꽃은 한강유역의 경기 · 강원 지역에서만

자생하는 것으로 보고되어 있지만, 금강 이남의 전라도 땅에도 이렇게 자생하고 있다는 사실이 적이 놀랍다. 노랑붓꽃은 흰 바탕에 노란 무늬가 안쪽에 나 있는 게 다르다.

내년 이맘때 다시 이곳을 찾았을 때 이 꽃을 볼 수 있을지는 누구도 장담할 수 없다. 어쩌면 이 순간 이 꽃이 이 지상의 마지막 금붓꽃이 될지도 모르는 절망적인 시대를 우리는 불안스럽게 살아가고 있다.

어린 둥굴레들이 숲속에 옹기종기 모여 있다. 저마다 무지개처럼 구부러진 줄기의 잎겨드랑이에 꽃봉오리 두 개씩을 앙증맞게도 달고 있다.

둥굴레는 여러해살이풀이기 때문에 함부로 뽑아가지만 않는다면 해마다 볼 수 있는 꽃이다. 잎과 줄기 사이의 잎겨드랑이에서 녹색이 엷게 섞인 하얀 꽃이 아래로 처져서 나는데, 꽃이 피었을 때보다 꽃망울이 맺혔을 때가 더 예쁘고 앙증맞다.

이 둥굴레의 어린순은 봄나물로도 먹는다. 우리가 흔히 먹는 둥굴레차는 뿌리를 말린 것이지만, 모르는 이들은 녹차처럼 잎을 덖어서 말린 것으로 안다.

능가산 정상에 서려 있는 백제유민의 염원

개암사 뒷산의 꼭대기에는 울금바위가 있다. 개암사 창건 전에 이미 변한의 문왕이 진한의 난을 피해 들어와 도성을 쌓고 왕궁을 지었다는 곳이다. 울금바위 서쪽에 수백 명이 들어갈 수 있는 굴이 있는데, 복신이 백제부흥군을 지휘하던 곳이라고도 하고 신라통일 후에는 원효와 의상이 수도

둥굴레(위)와 길섶에 핀 금난초
백합과의 응달풀인 둥굴레는 약 10센티의 잎이 서로 어긋나며 녹색이 엷게 섞인 흰 꽃이 핀다.

하던 곳이라고도 한다.

원효굴 바로 못 미친 오솔길 길섶에 금난초가 화사하게 피었다. 그렇게 많은 사람들이 지나다니는데도 용케도 살아남았다. 산을 찾는 이들의 의식도 요즘 많이 바뀌었나 보다. 꽃을 꺾어 모자에 꽂고 다니는 생태적 촌뜨기는 이제 사라지고 있는 셈인가.

원효굴 천장 바위틈에 이름 모를 나무 몇 그루가 뿌리를 박고 나무줄기와 잎을 아래로 내려뜨린 물구나무 선 자세로 자라고 있다. 또 한 번 생명에의 외경을 아니 느낄 수 없다.

원효굴을 중심으로 석성(石城)이 길다랗게 이어져 있다. 백제 멸망 후 유민들이 숨어 들어와 백제 부흥을 기도하며 쌓았다는 주류성(周留城)이다.

능가산에 흩어져 있는 자연석을 주워다 성을 쌓은 것이다. 능가산의 돌들은 화강암과 달리 재질이 푸석푸석하다. 그래서 어딘지 허술해 보이기도 하지만, 1천 년 넘게 버텨

수백 명이 너끈히 들어가는 원효굴. 이 굴을 중심으로 둘레가 2천 미터가 넘는 석성이 이어져 있다.

온 것을 생각하면 그 당시 유민들의 백제 부흥에 대한 염원
이 얼마나 절실했는지가 쉽게 가늠된다.

성곽을 딛고 올라서면 서해와 드넓은 평야가 눈앞에 펼
쳐진다. 능가산이 내륙의 산줄기와 이어지지 않고 들녘 가
운데 홀로 우뚝 선 산임을 한눈에 확인할 수 있다. 이렇듯
능가산이 세속의 산들과 어깨를 하지 않고 명상에 잠긴 도
인마냥 멀찌감치 떨어져 앉아 있기에 옛사람들은 변산을
이상향이라고 칭송했는지도 모를 일이다.

오른쪽으로는 김제평야가 아스라하게 펼쳐져 있고, 서쪽
으로는 널리 서해안이 보인다. 이중환이 『택리지』에서 "변
산 바깥은 소금을 굽거나 고기잡이에 알맞고, 변산 안쪽은
기름진 옥토로 농사짓기에 좋다"라고 했던, 바로 그 내변산
자락의 들녘과 바다이다.

능가산 기슭에 무꽃이 흐
드러지게 피어 있다.

울금바위에서 남쪽 등산로를 타면 내소사와 우동리 마을
에 이르고, 북쪽 등산로를 타면 2시간 거리에 유형원의 위
패를 모셨다는 동림리 원터마을이 있다.

원터마을 산밭을 무꽃이 흐드러지게 뒤덮고 있다. 차라
리 '시끄럽다'는 표현이 더 잘 어울릴 만큼 요란스럽다. 엄
동설한에 웅크리고 견뎌야 했던 춥고 긴 시간을 분풀이라
도 하듯이 피었다.

교통
전철 3호선 남부터미널에 내리면 30분마다 부안행 버스가 있다. 부안에서는 고창
이나 줄포행 버스를 타고 개암사 앞에서 내리면 된다. 승용차는 호남고속도로 태인
인터체인지로 들어간다.

숙식
개암사 부근에는 숙식할 만한 곳이 없다. 격포나 읍내에서 해결해야 한다. 읍내 계
화횟집(063-584-3075/0075)의 백합죽이 별미이다.

기타
상서면사무소(582-5031)나 군청(580-4251)에도 능가산 자연에 관심 있는 공무원
들이 있다.

선운산의 가을꽃들

가을꽃은 여느 계절의 꽃보다 기품이 있고 속이 깊어 보인다. 봄꽃은 아무리 아름다워도 요란스럽고 어딘지 방정맞은 데가 있지만, 가을꽃은 맑고 수더분하다. 세월의 조락과 함께했음인가.

가을날의 절집은 어딜 가나 아름다운 꽃들 속에 묻혀 있다. 절에 가서 절만 하고 그냥 올 게 아니다. 훠이훠이 돌아다니며 꽃도 보고 새소리도 듣고 올 일이다.

이번 걸음은 전라도 고창 선운산으로 아름다운 가을꽃을 보러 간다.

선운산은 백두대간의 소백이 노령을 타고 서해바다에 발을 담근 산이다. 그 산자락에 백제의 고승 검단선사가 577년에 창건했다는 선운사가 앉아 있다. 당시 검단선사는 이곳에서 어렵게 살아가고 있던 도적들에게 소금 만드는 법을 가르쳐주어 제도한 뒤 절을 지었다고 한다.

선운사 하면 이구동성으로 "동백꽃!" 한다. 그러나 가을이면 그 선운산에 가을꽃들의 눈부신 잔치가 벌어진다는 사실을 아는 이는 그리 많지 않다. 선운사 뜰에 눈물겹도록 아름다운 상사화(相思花)가 핀다는 것을 아는 이는 더더욱 많지 않다.

꽃사랑의 첫걸음은 꽃이름 알기

꽃기행은 식물도감이 없으면 헛수고다. 아는 게 없으면 보이지 않기 때문이다. 설령 눈에 보인다 한들 사랑하는 마음이 생기겠는가. 꽃기행에서는 꽃이름 아는 게 우선이다. 생태를 모르면 그 꽃에 대한 관심도 생기지 않고 사랑할 수도 없다. 사람도 그렇다. 그를 모르면 그를 사랑할 수 없다.

선운사 주차장에 내리면 산자락을 밟고 마알간 계곡물이 흐른다. 그 계곡 절벽 위로 늘푸른나무가 덩굴을 이루고 있다. 이 덤불나무가 송악이다.

송악의 고향은 따뜻한 남쪽지방이다. 바닷바람을 좋아해서 섬이나 바다 가까운 곳에 자란다. 동해의 울릉도와 서해의 강화도까지 널리 퍼져 있으나, 육지에는 그리 흔치 않은

천연기념물 제367호 송악과 그 열매

덩굴식물인 어름(왼쪽)은 6월에 작은 흰 꽃이
피고 가을에 열매가 맺는다.
벚나무 터널 너머의 살사리꽃밭. 살사리꽃은
코스모스의 어엿한 우리 이름이다.

나무이다. 육지에서는 선운사 송악이 가장 북쪽에 자리잡
고 있다. 그러면서도 노익장을 과시하며 오늘도 건재하다.
부안 개암사 담장에도 송악이 있지만 사람 손으로 심은 것
이라서 예외로 친다.

송악은 여러 줄기의 가지가 그물 모양으로 갈라져 담쟁
이처럼 바위를 타고 올라가는 덩굴식물이다. 일부 지방에
서는 소가 잘 먹는다고 소밥나무라고도 하고, 담장나무라
고도 한다.

들머리의 벚나무 터널을 지나면 좌우에 살사리꽃밭이 눈
부시다. 대개 사람들은 이 꽃을 코스모스라고 부르지만, '살
사리'라는 재미있는 우리 이름이 있다. 외래종이긴 하지만,
이미 오래 전에 들어와서 우리들 정서 깊숙이 자리잡은 꽃
이다. 그래서 누구나 몇 송이씩은 어린 시절 추억의 사진첩
안에 간직하고 있다.

살사리꽃밭 길가의 아낙네들이 좌판 위에 탐스럽게 익은

어름을 내놓고 오가는 길손들의 발걸음을 멈추게 한다. 선운사를 지나 도솔계곡을 30분쯤 들어가면 점퍼 주머니가 불룩하도록 따온다.

흔히 어름을 '한국바나나'라고 한다. 어름은 전국의 계곡 어디에서나 흔하다. 가을에 익는 열매는 저절로 벌어져 보기만 해도 탐스러우며, 은근하고 깊은 맛이 일품이다. 덜 익었을 때는 키위하고도 흡사하다.

일주문 가까이에는 고창 태생인 미당 서정주의 시비가 서 있다.

그립고 아쉬움에 가슴 조이던
머언먼 젊음의 뒤안길에서
인제는 돌아와 거울 앞에 선
내 누님같이 생긴 꽃이여

미당 선생의 「국화 옆에서」의 한 구절이다. 꽃을 인생에 비유한 명작이다.

길섶에 들국화가 지천으로 피었다. 저 꽃들을 피우기 위해 봄부터 소쩍새는 목놓아 울었고, 먹구름 속에서 천둥도 몇 번이나 울었다. 그리고 간밤에 무서리도 저리 내렸다고 시인은 노래했다.

눈이 산천을 뒤덮기 전에 한 송이라도 더 피워내려고 들꽃들은 저마다 안간힘이다. 아름다운 자태도, 색깔도, 향기까지도 오로지 후손을 퍼뜨리기 위한 몸짓이겠다. 모든 살아 있는 것들이 다 그렇다. 사람도 예외는 아닐 것이다.

국화과의 노란 들꽃, 뚱딴지와 미당 서정주 시비

흔히 들꽃이라고 두루뭉실 얼버무리지만, 저마다 이름이 다 있다. 구절초, 쑥부쟁이, 개쑥부쟁이, 금불초, 고들빼기, 참취, 산국, 감국, 벌개미취… 모두가 하나같이 향기 짙고 청초한 꽃들이다.

이름이 재미있는 뚱딴지도 들꽃이다. 흔히 '돼지감자'니 '뚱단지'니 하고 부르는데, 토속적인 이름과는 달리 미국에서 귀화한 식물이다. 사람들을 좋아해서 즐겨 밭둑이나 길가에 자리잡았다. 하지만 오가는 이들은 무심코 꽃을 꺾어 모자에 꽂는다.

불이, 원융회통의 자연

일주문을 들어서면 곧바로 전나무숲이 시작된다.

산은 절을 보듬어주고, 절은 산을 지켜준다. 속리산 오리숲은 법주사가 지켜주고, 능가산 전나무숲은 내소사를 보듬어준다. 절집이 없으면 누가 그 무주공산의 숲을 지켜줄 것이며, 숲이 없는 적막강산에 절이 우람한들 누가 찾아가겠는가.

이 전나무숲 속에는 전나무를 닮은 삼나무와 편백나무도 아름드리 덩치를 자랑하고 있다. 일주문과 천왕문 사이의 숲은 이런 키 큰 교목이 자리할 때 그 의미가 배가된다. 그 숲에 이어 동백숲이 있어서 봄이면 소리도 없이 동백꽃이 터진다.

전나무숲 속에 있는 추사의 백파선사비를 보고 나오니 개울가에 흰물봉선화가 빼꼼히 고개를 쳐들고 있다.

부드러운 한해살이풀인 물봉선화는 씨앗이 영글면 스스

흰물봉선화. 봉선화는 흰색, 보라색, 노란색 꽃이 핀다. 키가 60센티쯤 되고 전체적으로 털이 없이 부드럽다.

로 터져서 종자를 퍼뜨린다. 그래서인지 꽃말이 "나에게 가까이 오지 마세요"이다. 흰물봉선화는 독성이 있지만, 씨는 약용으로 쓴다. 그래서 옛사람들은 "약과 독은 한형제"라고 했나 보다.

천왕문으로 발을 내어들이면 만세루가 대웅전을 답답하게 가로막고 있다. 게다가 기둥이며 대들보며 하나도 온전한 게 없다. 저마다 휘어지고 뒤틀리고 꺾어지고 잘려나가… 모두가 병신나무들이다. 그런데도 저네들끼리 모여 저리도 멋진 집을 세웠다.

인간의 눈에는 불구가 있을지 모르나, 자연의 경계에 들어서면 모든 게 불이(不二)요, 원융회통(圓融會通)이다. 휘어지고 뒤틀린 것을 가차없이 솎아내고야 마는 기계문명의 질서를 거부하는 몸짓으로 오늘도 만세루는 만세를 앉아 있다.

법당 앞의 배롱나무 한 그루, 꽃이 석 달 열흘을 핀다고 해서 목백일홍이라고도 한다. 옛사람들은 이 꽃이 피면 여

승방 댓돌 위의 하얀 고무신과 뜨락의 수선화

름이 오고, 이 꽃이 지면 가을이 온다고 했다. 꽃은 이미 지고 없다. 목피가 너무 반질반질해서 마치 껍질을 벗겨낸 듯한 느낌이 들어 때로는 안쓰럽다.

배롱나무 오른쪽 멀찌감치 승방이 있고, 그 처마 밑에 "정와(靜窩)"라고 씌어진 작은 편액이 걸려 있다. 원교 이광사의 글씨다. 편액에 비해 승방이 다소 크긴 하지만, 이름 그대로 조용한 승방이다.

지난봄에 왔을 때는 승방 댓돌 위에 스님의 하얀 고무신이 곱게도 놓여 있었다. 금방 탁족하고 들어간 모양인지, 세워둔 고무신 안에 물이 말갛게 고여 있었다. 스님이 방안에서 가부좌를 틀고 있는 사이에 뜨락의 수선화가 곱게 피었다. 담장 곁에는 생강나무가 노란 꽃을 피웠고, 대웅전 뒤쪽 앵두나무도 빨간 꽃망울을 터뜨렸다. 그러나 눈길 주는 이는 아무도 없었다. 봄이 누구 덕으로 왔는지도 모르고, 사람들은 그저 절집만 휑하니 돌아보고 나갔던 것이다. 탑이 천년을 그 자리에 있어도 봄 한 번 불러올 줄 모르고, 목불의 미소가 아무리 지긋해도 그 덕에 꽃이 피는 게 아닌데 말이다.

대웅전 뒤로 동백숲이 짙푸르다. 천연기념물 제184호로 보호되고 있는 이 숲의 나이는 어림잡아 600세. 굵은 것은 밑동의 둘레가 어른 한아름을 넘는다. 5천여 평에 3천여 그루, 숲이 하도 울창해서 나무그늘 아래는 맥문동과 마삭덩굴 같은 응달꽃만 몇 종류 듬성듬성 보인다.

선운사 동백은 다른 동백이 다 지고 난 다음에야 피는 까닭에, 때를 맞추기가 쉽지가 않다. 그래서 춘백(春栢)이라

고 이름하고, 춘백은 숙세의 인연이 있어야만 볼 수 있다고
했다.

누구나 선운사 동백을 보면 으레 미당 선생이 생각날 것
이다.

수선화과 여러해살이풀 상사화. 잎이 지면 비
늘줄기에서 40센티 가량의 꽃대가 올라와 꽃
을 피운다.

> 선운사 골짜기로
> 선운사 동백꽃을 보러 갔더니
> 동백꽃은 아직 일러
> 막걸릿집 여자의 육자배기 가락에
> 작년 것만 상기 남았습니다.
> 그것도 목이 쉬어 남았습니다

상사화에 얽힌 전설

사람들은 선운사 하면 동백만 떠올릴 뿐, 가을날 애잔하게
피는 상사화(相思花)를 아는 이는 그리 흔치 않다.

동백숲 아래쪽으로 상사화가 지천으로 피었다. 꽃색깔이
너무 현란하여 환상적이다. 미당 선생이 「대낮」이라는 작품
에서 읊었던 "따서 먹으면 자는 듯이 죽는다는 붉은 꽃"이
행여 이 상사화가 아닌지 모르겠다.

깊은 산속 어느 암자에 스님 한 분이 죽을 각오로 공부를
하고 있었다. 그 옆방에는 죽을병을 고치러 온 처녀가 묵고
있었다. 기도 덕분인지 처녀의 병은 조금씩 나았다. 그러나
가부좌를 튼 스님은 영 공부가 되지 않았다. 그래서 어느
날 바랑을 짊어지고 바람같이 사라졌다. 스님이 절을 떠나
버리자 혼자 남은 처녀의 병이 다시 도졌다. 스님은 그 소

늘푸른떨기나무인 차나무는 가을에 속이 노랗고 가장자리는 하얀 꽃이 핀다. 12월에 꽃이 피는 늦둥이도 있다.

식을 들고 암자로 허겁지겁 돌아왔으나, 그새 여러 날이 지나 이미 처녀는 목숨이 다해 이승을 하직하고 없었다. 처녀가 죽은 방문 앞 뜨락에는 낯선 꽃 한 송이가 피어 있었다. 사람들은 그 붉은 꽃을 처녀의 죽은 넋이라고 입을 모았다.

이 전설의 꽃이 바로 상사화이다. 상사화말고도 개상사화, 꽃무릇, 흰상사화 등 여러 종류가 있는데, 이 가운데 선운사 상사화는 '꽃무릇(석산)'이다.

분재도 가능한 꽃무릇은 잎이 진 뒤에 꽃이 피어, 잎과 꽃이 서로 만나지 못한다고 해서 사람들이 '상사화'니 '이별초'니 하는 별명을 지어주었다. 이룰 수 없는 사랑의 꽃이기에 따로 열매를 맺지 않고 알뿌리로 번식한다. 이 꽃 역시 아름다운 만큼 독성도 함께 지니고 있지만, 한방에서는 그 독으로 병을 고친다.

관광객들은 다투어 상사화 앞에 포즈를 취하고 사진을 찍는다. 사람들은 왜 꽃과 함께하고자 할까. 만약 그 꽃들이 모두 조화(造花)라면 저렇게 꽃밭 속으로 뛰어들지는 않을 것이다. 꽃이 아름다운 건 어쩜 꽃이 지기 때문일지도 모르겠다.

영산전 옆 마당에 햇노란 차꽃이 피었다. 꼬마가 함께 온 아빠의 옷자락을 끌며 꽃이름을 알려달라고 한다. 아빠는 고개를 갸우뚱해 보지만, 알 턱이 없다.

차나무는 한국, 중국, 일본, 인도 등지에서 자라며 크게 대엽종과 소엽종으로 나뉜다. 중국과 또 그곳에서 건너온 우리나라 차는 녹차 제조에 적합한 소엽종이고, 인도와 중국의 남부지방은 주로 홍차용으로 적합한 대엽종을 심는다. 하지만 요즘 들어서는 일본과 한국의 일부에서 개량종 야부기다를 가꾸고 있다.

우리가 흔히 마시는 작설차는 4~5월 채취한 소엽종인데, 봄에 피는 여린 잎이 참새의 혀를 닮았다 하여 작설이라는 이름이 붙었다.

게으른 절집의 아름다움

명부전은 이 절에서 유일하게 동쪽으로 앉은 전각이다.

영산전 앞에 서서 명부전의 지붕을 바라보면 지붕의 선이 건너편 산의 능선과 모양새가 똑같다. 자연과 인공의 절묘한 어울림에 절로 감탄이 나온다. 지난봄에 왔을 때는, 담장 주변으로 개나리와 수선화까지 꽃망울을 터뜨려 한참이나 자리를 뜨지 못했었다.

집 안을 들여다보면 그 집에 사는 사람들의 정서를 느낄 수 있다. 절집도 마찬가지다. 이래저래 해놓고 사는 모습을 보면 그 절에 사는 스님들의 정서를 읽을 수 있다. 선운사의 식생 조경은 선운사 스님들이 그만큼 맑게 살아왔기 때문일 것이다.

물론 스님들이 산다고 절집이 다 그런 것은 아니다. 우리나라에서 가장 아름답다는 부석사만 해도 외래종 잡동사니 꽃들을 장난하듯이 어지럽게 심어놓았다. 꽃만 아니라 나무도 그렇다. 욕심내어 마구잡이로 심은 흔적이 곳곳에 어지럽다.

절집 조경은 있는 그대로 놔두는 게 최상의 방법이다. 조경한답시고 부지런 떠는 주지일수록 절집을 더 망가뜨려

놓고 가기 일쑤다. 몇 년 동안 절밥 먹어본 경험 끝에 하는 소리다. 절 지키는 데는 차라리 게으른 스님이 더 낫다.

선운사의 담은 야트막해서 좋다. 사대부 저택의 담은 높아도 별 허물이 안 되지만, 절집 담장은 높으면 욕먹는다. 세상 다 팽개치고 들어와 자연으로 돌아갈 납자(衲子) 수행자들이 감출 게 뭐 있어서 담을 높이 쌓느냐는 이야기다.

시와 함께하는 가을꽃 기행

다시 천왕문을 나와 개울을 건너 풀숲으로 가면 가을꽃이 덤불을 이루며 피어 있다. 미당 선생의 표현을 빌리자면, "가신 이들의 헐떡이는 숨결로, 곱게 곱게 씻기운 꽃"(「꽃」)들이 지천으로 피었다.

길섶에는 분홍색 여뀌가 물감을 짓이겨놓은 듯 아름답다. 여뀌는 크게 물여뀌와 털여뀌가 있지만, 개여뀌가 더 붉고 아름답다. 옛날 어른들은 이 꽃을 어독초(魚毒草)라고 했다. 꽃잎을 절구에 찧어 그 즙을 냇가에 풀어 고기를 잡곤 했기 때문이다.

여뀌에게는 미안하지만, 여뀌는 세세히 뜯어보면 잘난 구석이라고는 하나도 없는 꽃이다. 그렇다고 향이 좋은 것도 아니다. 하지만 따로 떼어놓으면 볼품없던 꽃도 이렇게 무리지어 있으면 아름다움이 백 배가 된다. 그런 꽃들이 많다. 개망초도 그렇다.

쇠비름은 날로도 먹고 고사리처럼 말려서도 먹는 나물이다. 이 나물을 먹으면 수명이 길어진다고 해서 장명채(長命菜) 혹은 '할아버지 채송화'라고도 한다. 모를 때는 그냥 잡

땅꽈리. 가짓과의 여러해살이풀 꽈리는 땅속 줄기가 길게 뻗으면서 번식한다.

초이지만, 알고 나면 모두가 나물이요 약재다. 사람들은 나물 하면 먹는 것만 생각하지만, 나물도 철따라 아름다운 꽃을 피운다. 쇠비름은 가을날 앙증맞은 노란 꽃을 피운다.

사람들이 즐겨 먹는 취나물 종류도 가을이면 형형색색의 들국화로 변한다. 수리취, 좀딱취, 개미취, 곰취, 벌개미취, 단풍취… 모두가 가을에 피는 들국화들이다.

일명 '산장'이라고도 하는 꽈리는 주로 여름철에 꽃을 피우며, 가을에 열매를 맺는다. 예전에는 아이들이 꽈리 씨앗을 발라내고 껍질을 입 안에 넣고는 "뚜루룩 뚜루룩" 불고 다녔다.

땅꽈리는 키가 좀 작은 편이다. 입에 넣고 불지는 못하지만, 열매는 작고 앙증스럽다. 갓 중학생이 된 여학생의 풋내음이 느껴지는 꽃이다. 그러나 유감스럽게도 이 꽃은 귀화종이다.

그 밖에도 왕고들빼기, 고마리, 털쇠서나물, 큰망초, 비수리, 눈괴불주머니, 술패랭이꽃, 미타리, 낙동구절초, 며느리밑씻개, 며느리밥풀, 억새아재비… 출석 부르듯이 하나하나 소리내어 이름을 불러본다.

이름 또한 꽃만큼이나 아름답다. 꽃 출석을 부를 때마다 느끼는 것은 우리 꽃에 우리말을 붙인 우리 식물학자들의 속 깊음이다.

내가 그의 이름을 불러주기 전에는
그는 다만 하나의 몸짓에 지나지 않았다.
내가 그의 이름을 불러주었을 때

쇠비름은 먹으면 수명이 길어진다고 해서 '할아버지 채송화'라고도 부른다.

그는 나에게로 와서
꽃이 되었다

문득 김춘수 선생의 「꽃」이 떠오른다. 흔히 '인식(認識)의 시'로 알려진 이 시에서처럼 모든 사물은 인식을 거쳐야 비로소 가치를 갖는다. 아무리 산과 들에 꽃이 지천으로 피었다 해도 우리가 그를 인식하지 못하고 그들의 이름을 불러주지 못한다면, 그들 또한 나에게 아무것도 아닐 것이다.

오늘 가을꽃 기행은 시가 있어서 더욱 좋다. 꽃기행을 와서 눈요기만 하거나 사진이나 찍고 간다면 무슨 소용인가. 꽃과 정신적인 교감을 나누지 못한다면 차라리 집에 앉아 식물도감이나 펼쳐보는 게 더 낫지.

이제 도솔계곡을 따라 도솔암으로 간다. 큰절에서 도솔암까지는 개울을 건너 2킬로미터. 팍팍하게 살아온 이들에게는 꽤 지루한 거리일 테지만, 여유 있는 사람에겐 걸어볼 만한 호젓한 산길이다.

진흥굴은 도솔암 가는 길목에 있다. 믿거나 말거나겠지만, 신라 진흥왕이 왕위를 버리고 스님이 되어 도솔왕비와 중애공주를 데리고 이 굴속에서 수도했다고 해서 진흥굴이라는 이름이 붙었다고 한다.

굴 앞에 천연기념물 제354호인 장사송(長沙松)이 있다. 옛 지명을 따서 장사송이라고 했다. 마치 부챗살처럼 한 줄기에서 여덟 가지가 위로 뻗어 한껏 기품을 갖추었다.

선운산에는 또 칡이 많다. 칡꽃 피는 초여름이면 이 계곡의 칡꽃향은 눈을 못 뜨게 한다. 칡은 암수가 다른데, 암칡이 양분이 더 많다. 잎과 줄기는 말려서 차를 달여먹고 뿌리는 갈아서 마실 만큼 버릴 게 없는 칡이지만 그 넝쿨은 다른 나무들을 못살게 구는 개구쟁이다. 그래서 가을이면 칡넝쿨을 걷어주는 것이 좋다.

산은 깊을수록 단풍이 빨리 드는 법이다. 도솔암 쪽에는 벌써 단풍이 곱게도 앉았다. 다행히 지난 여름에 태풍이 없어서 단풍이 눈부시게 아름답다. 사람도 저들처럼 허허롭고 곱게 늙을 수 있다면 얼마나 행복할까….

산이 깊은 까닭인지, 벌써 산그림자가 계곡물 위로 드리웠다. 이제 돌아갈 시간이다. 서울길은 여기서 네 시간. 벌써 저녁상 찌개냄새가 그리워 온다.

교통
호남고속도로를 타고 정읍으로 들어간다. 서울 · 대전 · 광주 · 전주에서 고창행 버스가 자주 있다. 열차로는 정읍에서 내려서 버스를 바꿔탄다. 승용차는 정읍에서 22번국도를 타고 흥덕을 거쳐서 들어간다.

숙식
선운사 주차장에 뚝배기식당(063-563-3420) 등 많은 식당이 있고, 숙소도 동백장(562-1560) 외에 여럿 있다.

기타
선운사(561-1422) 외에도 인촌 김성수 선생과 미당 서정주 선생의 생가가 가까이 있어서 함께 돌아보면 좋을 것이다.

금강하구의 겨울철새

금강하구에는 해마다 10만 마리 안팎의 철새들이 찾아들고 있다. 도래하는 철새들의 개체규모 면에서 천수만, 주남저수지와 함께 우리나라 3대 철새도래지 가운데 하나로 꼽힌다. 이곳은 초겨울보다 겨울의 한가운데에 이르면 철새의 개체수가 더 늘어나는 특징이 있는데, 천수만에 있던 새들이 이사를 오기 때문이다.

금강하구의 탐조지역은 크게 네 지역으로 나눈다. 웅포를 중심으로 강경에서 하구둑에 이르는 강변지역, 하구둑을 중심으로 바다 쪽 개펄지역과 민물지역, 외항 밖 유부도 지역이다.

금강 제일을 자랑한 강경포구

금강하구의 탐조는 강경에서부터 시작하면 좋다. 강경에서 23번국도를 타고 금강을 따라 군산으로 내려가다 보면 난포·웅포·나포·서포·월포니 하는, 강변에 올망졸망 앉아 있는 강마을들을 만난다. 얼마 전까지만 해도 밀물과 썰물을 따라 서해의 고깃배들이 오르내리던 포구들이었지만,

하구둑이 생겨 담수화되면서 조상 대대로 물려받은 그물을
걷어치웠다. 게다가 하구의 수위가 높아지면서 이래저래
'물먹은' 마을들이다.

　강경은 금강 하구둑이 생기기 전까지 서해바다에서 잡은
수산물들을 집산하는 금강 제일의 포구였다. 강경 젓갈과
황복이 그때의 역사를 말해 주고는 있으나, 젓갈마저도 이
제는 외지에서 들어오는 것이 대부분이며 황복요릿집도 지
금은 한 군데밖에 남아 있지 않다. 하구둑 옆에 따로 어도
(魚道)를 만들어 고기들이 왕래할 수 있도록 해놓았다지만,
매운탕집 아줌마들의 이야기는 그게 아니다.

　바다와 강을 오르내리면서 사는 황복이 예전에는 서해로
흐르는 강어귀에 흔했지만, 남획과 환경오염으로 지금은
이곳 금강과 임진강에서만 조금 볼 수 있다. 진달래 꽃망울
이 터질 때쯤이면, 황복은 하구둑에 만들어놓은 어도를 타

금강하구의 철새들

고 간신히 올라와 산란을 하고는 다시 바다로 내려간다.

강경 읍내를 빠져나와 10분쯤 가다가 706번 지방도로로 접어들면, 금강 본류와 부곡천이 만나는 난포마을이다. 10년 전만 해도 이 지역은 기러기들의 고향마을이었다. 황산대교 아래에서부터 용두리—법성리—석동리—난포리에 이르는 강변 농경지에 기러기들이 많았으나, 지금은 그것도 옛말이 되었다. 이 고장에서 난 시인의 옛 시만 남아 있을 뿐이다.

> 내리는 사람만 있고/오르는 이 하나 없는
> 보름 장날 막버스/차창 밖에 꽂히는 기러기떼
> 기러기떼를 보아라/아, 어느 강마을
> 잔광(殘光) 부신 그곳에/떨어지는가

난포리 갈대숲 너머 금강 한가운데에 무인도 하나가 떠 있다. 몇 종류를 제외한 대개의 철새들은 갈대숲을 좋아하지 않으나, 갈대숲 속에 난 몇 줄기의 수로 사이에서 오리류와 물닭이 보인다.

새들은 사람 보는 눈이 각별하다. 난뎃사람을 알아볼 뿐만 아니라 자기를 잡으러 온 사람인지, 사진을 찍으러 온 사람인지 아니면 그저 구경나온 사람인지, 먹이를 주러 나온 사람인지… 철새들은 기가 막히게 안다.

새들은 대체로 차를 무서워하지 않는다지만, 차량을 알아보는 눈 또한 매우 밝다. 특히 지프를 유난히 싫어한다. 그들이 보기에 총을 들고 다니며 자기 동료들을 밀렵해 간

흉악한 사람들이 즐겨 타고 다니는 차라서 그런 것 아닐까, 짐작해 본다. 아니나다를까 총에 맞아 죽은 논병아리 한 마리가 나뒹굴고 있다. 상처가 크지 않은 걸 보아 아마도 총을 설맞은 것 같다.

겨울산새와 텃새도 한식구

난포에서 갈대숲으로 뒤덮인 강변을 따라 내려오는 길은 곳곳이 탐조가 가능한 지역이다. 도로에 자동차들이 쌩쌩 달려도 새들이 멀리 도망을 가지 않는다. 새들은 대체로 자동차보다 차에서 내리는 사람들을 더 무서워한다. 그러므로 자동차에서 내리지 않고 여유있게 탐조하는 것도 한 가지 방법이다.

난포에서 10분 남짓 내려오면, 금강하구 중 탐조객들이 가장 많이 몰려드는 웅포이다. 운좋은 날은 이곳에서도 하늘을 시커멓게 뒤덮는 수만 마리의 가창오리가 펼치는 군무를 볼 수 있다.

웅포 뒷산은 금강하구 지역에서는 가장 높은 산지이다. 함라산을 비롯하여 200미터를 웃도는 산들이 고찰 숭림사를 연봉으로 잇고 있다. 여유를 갖고 때까치며 박새, 딱따구리, 딱새 같은 겨울산새와 텃새를 찾아보면 단조로움을 씻어줄 것이다.

웅포에서 강변을 따라 서포까지 둑이 군데군데 새로 생겨나면서 그 위로 둑방도로가 깔리고 있다. 머지않아 개통될 예정이다.

서포에 이르면 거대한 금강대교가 멀찌감치 보인다. 충

남과 전북을 잇는 서해안고속도로상의 이 대교는 현재 공사를 마치고 개통을 기다리고 있다. 나포면 서포리는 그 다리 못미처 강변에 있는 마을이다.

서포에도 갈대숲들이 장관을 이루고 있다. 이 지역은 본래 바닷물과 민물이 오르락내리락하던 기수지역이라 독특한 생태계를 보여왔다.

하지만 하구둑 건설로 수위가 높아지고 곳곳에 둑이 생기면서 마도요, 학도요, 큰뒷부리도요, 알락고리마도요, 개꿩, 흰물떼새, 댕기물떼새, 민물도요 같은 해양성 조류들이 사라졌다. 또 수위가 올라가면서부터 고랭이 같은 키 작은 수생식물들을 누르고 갈대가 뒤덮이기 시작하자 개리와 고니도 자리를 옮겨버렸다. 지금은 오리류 몇 종류만 보이지만 그나마도 갈대숲 너머 강 한가운데 모여 있다.

그러나 갈대숲은 금강의 매력 가운데 하나이다. 갈대숲이 없어지면 금강의 수질은 더욱 나빠지고, 경관도 볼품없어지고 말 것이다. 최근 곳곳에서 벌어진 둑방공사와 농경지화로 많은 갈대와 물억새 군락지가 사라지고 있다. 이대

금강의 매력 가운데 하나인 갈대숲

로 가다가는 시멘트로 처바른 서울의 한강 꼴이 되기 십상
이다. 본받을 것을 본받아야지, 무턱대고….

마을에서 배를 빌려타고 갈대섬을 돌아 강 한가운데로
나가면 좀더 다양한 종류의 철새들을 만날 수 있다.

갯벌의 진객, 검은머리갈매기

강을 끼고 5분 정도 내려오면 하구둑을 만난다.

지난 1990년에 완공되어 금강하구를 3650헥타르의 거대
한 담수호로 만들어놓은 둑이다. 바닷물의 유입을 막아 농업
용수를 확보하고 홍수조절을 하는 다목적 둑이다. 둑을 막기
전의 조사자료가 변변치 않아서 정확하지는 않지만, 많은 사
람들이 하구둑이 생긴 후에 철새들이 늘어났다고 한다.

이로써 금강은 하구가 없는 강이 되어버려, 민물과 바닷
물이 만나는 하구의 특징적인 생태계가 크게 바뀌었다. 하
구둑 가운데 서서 좌우를 살펴보면 한눈에 알아볼 수 있다.
둑 오른쪽은 민물이며 왼쪽은 바닷물이다. 민물 쪽은 간만
이 없지만, 바닷물 쪽은 간만의 차가 심하여 썰물 때는 개

수면성 오리 흰뺨검둥오리는 인적 드문 강가의
풀숲에 마른풀로 둥지를 튼다.

갈매기 중에서 작은 축에 드는 검은머리갈매기는 생김새뿐 아니라 비행모습도 아름답고 유려하다.

펄이 벌겋게 드러난다. 그래서 둑을 경계로 이쪽과 저쪽에 사는 철새들의 이름이 다르다.

하구둑을 건너면 충남 서천땅인데, 하구둑 철새들은 주로 이 서천땅 강변과 개펄에 모여 있다. 청둥오리와 쇠기러기, 흰뺨검둥오리가 절반을 차지하며 강 한가운데도 철새 무리가 시커멓게 앉아 있다.

겨울철새들 틈에 사이좋게 섞여 있지만, 흰뺨검둥오리는 텃새다. 수초도 좋아하지만 수서곤충도 즐겨 먹는 잡식성이며, 서울 한강과 중랑천에서도 곧잘 볼 수 있다.

바다 쪽 개펄의 진객은 역시 검은머리갈매기이다. 금강 하구를 비롯하여 주로 서해안 개펄지역에 사는 검은머리갈매기는, 하늘을 바람처럼 부드럽게 유영하다가 매가 꿩을 채듯이 갑자기 급강하하여 개펄의 게나 갯지렁이 따위를 잡는 1급 사냥꾼이다.

붉은부리갈매기도 가끔 눈에 띈다. 자그마한 몸집에 붉은 부리와 붉은 발이 앙증맞게 예쁜 갈매기이다.

기러기와 흡사한 개리도 보인다. 하지만 기러기는 주로 농경지를 좋아하고 개리는 강의 하구 개펄을 좋아한다. 또 기러기보다 목이 길어서 개펄 속 깊이 머리를 박고는 쭉쭉 쭉 먹이를 잡아낸다.

물위에 하얗게 떠 있는 것은 고니류이다. 고니류는 얕은 물 속에서 수초나 풀뿌리를 즐겨 찾아먹으며, 목이 긴 큰고니는 우리나라를 가장 많이 찾는 철새이다.

하구둑 오른쪽 민물 섬이나 주변의 농경지에서는 기러기류가 쌍안경에 잡힌다. 주로 큰기러기와 쇠기러기들이다.

큰기러기는 덩치가 크고, 쇠기러기는 이마 부분이 하얗기 때문에 먼눈으로도 쉽게 알아볼 수 있다.

군산 시내로 들어가는 새로 난 둑방로 옆 물가에는 길 잃은 도요새 몇 마리가 이리저리 서성이고 있다. 맨눈으로도 도요새의 발톱이 보일 만큼 가까이 다가온다. 지금 이들은 듬성듬성한 갈대밭과 물가에 숨어사는 갈게와 참방게를 노리고 있는 것이다.

앉아 있을 때 가끔씩 몸을 깝짝깝짝한다고 해서 깝짝도요라는 이름이 붙은 새도 보인다. 대표적인 나그네새이지만, 간혹 무리에서 떨어져 여름을 나기도 한다. 개중에는 아예 겨울까지 나는 게으름뱅이도 있다. 서울 한강에도 가끔 날아드는데, 난지도 쓰레기장 부근에서 본 적이 있다.

저만큼 물 빠진 개펄에는 흰목물떼새도 몇 마리 눈에 띈다.

「탁류」의 무대, 째보선창

금강하구는 그 옛날 왜구들이 수백 척의 배를 동원하여 만경평야의 쌀을 노략질해 가던 곳이다. 당시 왜구들이 노략질해 가다 흘린 쌀이 발등을 덮었다는 이야기는 터무니없는 전설만은 아니었을 것이다. 하지만 금강하구가 최무선이 대포를 이용하여 그 수많은 왜선들을 수장시켰던 진포해전의 역사현장

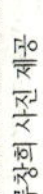

목이 긴 큰고니 가족(위)과 천연기념물 제325호 개리(아래). 개리는 금강하구와 한강하구에서만 관찰되는 새이다.

이라는 사실을 아는 이는 드물다. 어째서 우리는 승전보다는 패전의 역사를 더 오래 기억하고 있는지 모르겠다.

금강이 바다와 만나는 군산 내항은 채만식의 소설 「탁류」의 무대이다. 작가는 일제 강점기 당시의 사회상을 '탁류'라는 말로 비유했거니와 군산 내항은 예나 지금이나 탁류로 뿌옇다. 작품 속에 나오는 째보선창은 이름과 달리 일제 때 산더미같이 쌓인 쌀섬들을 실어내던 부두이다. 쌀섬들은 사라지고 고만고만한 고깃배들이 야간작업에서 돌아와 서로 어깨를 기대며 쉬고 있다. 붉은부리갈매기 몇 마리가 고깃배에서 떨어진 잔챙이들을 주워먹으려고 이리저리 어지럽게 날아다닌다. 그래서 거지갈매기라는 별명이 붙었나 보다.

군산 외항으로 나가면 건너편으로 장항이 보인다. 군장 지역이라고 불리는 이 지역은 군산 쪽으로 해상도시가 새로 생기고 장항 쪽으로 간척사업이 진행되고 있어서, 하루가 다르게 지도가 바뀌어 서해안 시대를 실감케 한다.

군장 앞바다 한가운데 유부도를 비롯하여 대죽도·소죽도·묵도·유재도가 떠 있고, 저 멀리는 사람이 사는 개야도와 죽도가 떠 있다. 그중에 유부도는 검은머리물떼새의 월동지로 소문이 나 있다.

검은머리물떼새는 우리나라에 약 2천 마리 정도가 있는데, 거의 대부분이 이 지역에 서식하고 있어서 다른 지역에서는 보기 힘들다. 머리와

산더미같이 쌓인 쌀섬 대신 고만고만한 고깃배들로 한산한 째보선창

우리나라 검은머리물떼새는 유럽의 그것과 모양
과 생태가 달라 천연기념물 제326호로 지정되
어 있다.

앞가슴이 검은 이 새는 긴 부리를 이용해서 모래톱이나 펄
속에 숨은 갯지렁이나 조개 따위를 꺼내 먹는다. 하지만 군
장지역이 개발되면서 검은머리물떼새도 이삿짐을 꾸리고
있는 중이다.

교통
강남터미널에서 군산행 고속버스나 남부터미널에서 강경행 버스를 이용한다. 군
산이나 강경에서는 웅포행 시외버스나 시내버스를 이용한다. 승용차는 호남고속
도를 이용하여 논산이나 익산으로 빠진다.

숙식
군산시내에 장급여관과 좋은 식당이 많다. 하구둑 가까운 곳에도 여러 식당(063-
442-9806)이 있다.

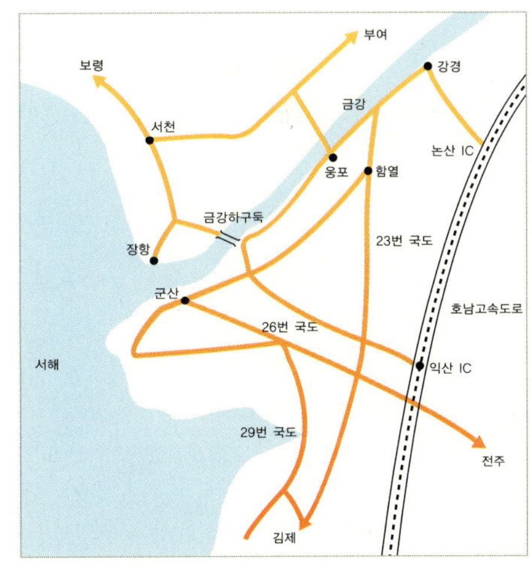

무주 가는 길

가을이 깊다/도란도란 속삭이며
뜨거운 몸을 알맞게 식혀서/땅 위의 식물들을 널어놓는다
마음껏 열정들을/내다 말리고 있다
마을의 처마 낮은 굴뚝마다/연기 사라진 지 오래 되고
길가 빈 짐수레에도/깊은 가을이 텅텅 비어 실려 있다
푸른 날들이 금세/몸 가벼이 비어서
쌓여 있다

노향림이 남긴 「약속」이라는 시이다.

이번 걸음은 가을이 깊은 무주 구천동으로 떠난다. 워낙 소문이 나서 거의 한 번쯤은 가보았을 터이지만 자연은 천태만상(千態萬象), 철마다 다르고 날마다 새롭다. 그리고 중요한 사실 하나는, 생태기행은 사람들의 발길이 닿지 않은 미지의 세계를 찾아가는 탐험이 아니라는 점이다. 널리 알려진 곳, 사람들이 쉽게 찾는 곳을 찾아간다. 가서, 그 동안 사람들의 관심 밖에 나 있었던 자연생태를 새로 보고 새로 느끼고 다시 생각하는 여행이다.

남한땅에서 산 높고 골 깊기로 으뜸인 구천동 들어가는 길

각설하고, 흔히 옛사람들은 '삼수갑산에 무주구천'이라고 했다. 북한땅 삼수갑산과 남한땅 구천동이 그만큼 산 높고 골 깊다는 이야기다. 무주는 진안·장수와 함께 '무진장 촌놈'이라면 전라도 사람들도 알아주는 산간마을이다. 그러나 덕유산 자락에 리조트가 들어서고, 유니버시아드 대회를 치르면서 이제는 발걸음 드문 오지가 아니라 발 들여놓을 틈 없는 국제관광지가 되었다.

마을의 살아 있는 약국, 은행나무

가는 걸음에 금산에 들러 약령시장과 보석사를 돌아보면 여행하는 재미가 솔솔하다. 시골 장은 그 지역의 자연과 풍물이 살아 있는, 또 다른 현장박물관이다. 특히 가을철 금산장은 인삼과 각종 약초들로 볼 거리가 꽤 많다. 상설장이지만, 그래도 2일과 7일에 서는 장날이면 볼 것이 더 많이 나온다.

인삼은 두릅나뭇과의 산삼이 그 원조이다. 산삼은 참나무, 피나무, 박달나무 같은 활엽수림이 있는 깊은 산속의 그늘에서 자라는데, 인삼포에 그늘막을 치는 것도 그 때문이다. 인삼포에 물이 잘 빠지도록 도랑을 파두는 것 역시 습한 곳을 싫어하는 산삼의 생태에서 비롯된다.

늦가을의 약초시장은 발 들여놓을 틈 없이 붐빈다. 황기·도라지·작약·당귀·천궁에다, 이름만 들어온 두충·황백·인진쑥·삼지구엽초·어성초·금은화·도화·괴화·차전자·정력자·익모초·용아초·부평초·현초 따위가 그득 나와 있다. 그러나 근래 들어 자생초는 감소하고 재배종이 늘어나고 있다고 한다. 우리의 자연생태계가 날로 교란·파괴되고 있음을 대변해 주고 있는 셈이다.

진악산 기슭에 있는 보석사는 들머리 숲길이 좋다. 그리 웅장하거나 깊숙하지도 않으면서 전나무숲은 그윽하고 아담하다.

그 숲길 끝에 은행나무가 있다. 용문사 은행나무에 비해 유명세는 덜하지만, 수령 1천 년에 높이가 40미터나 되는 당당한 이력을 갖고 있다.

절이나 향교 주변에 심은 은행나무는 단순한 조경목이 아니다. 마을의 살아 있는 약국과도 같은 존재다. 은행잎에는 진코플라본 글리코사이드가 다량 함유되어 있어 혈관 수축, 콜레스테롤 분해, 혈압 강하, 동맥경화 완화에 좋다.

천연기념물 제365호 보석사 은행나무

또 열매 속에는 항균작용을 하는 지베렐린·사이토키닌·빌로볼이 함유되어 있고, 또 뿌리〔白果根〕에는 진코라이드 성분이 들어 있어서 허약한 체질을 보강하고 기를 북돋워 준다.

남대천의 주인공 반딧불이

금산에서 무주로 들어서면 남대천이 시원하다. 물론 옛 물 같지는 않다.

물은 모든 생명력의 기원이요, 생성의 정령이다. 물은 자연생태계의 피와 같다. 물이 오염되면 자연이 온전치 못하고 사람들도 병마에 부대껴 세상살이가 고달프다. 최근 공장폐수와 생활하수 등으로 물이 오염되면서 기형아가 늘어나고 사산율이 높아지는 것도 물이 병들었기 때문이다.

"자손들 몸 건강하고, 관재구설 삼재팔란, 다 저 물알(물아래)로 소멸시켜 주시고…." 산맥이기 고사의 사설에서도 나오듯이, 부정되고 사된 것은 물로 씻어내린다. 물은 부정한 것을 씻고 사된 것을 물리치는 신성한 것이다. 물의 신앙적 정화성은 기독교의 세례(洗禮)나 불교의 관욕(灌浴)에서도 잘 드러나며, 우리네 다양한 천도굿에서도 죽은 이의 가슴에 응어리진 한을 물로 씻어 없애주는 의례가 있다. 우리 사회가 윤리불감증에 걸린 것도 물의 오염과 무관치 않을 것이다.

남대천의 주인공은 환경지표종인 반딧불이다. 우리나라에는 모두 8종의 반딧불이가 수질이 청정한 지역에 서식하고 있다. 반딧불이의 먹이인 다슬기가 생화학적 산소요구

량(BOD) 1.2~2ppm의 깨끗한 물에 살고 있기 때문이다.

6월에 산란되어 물 속에서 부화한 반딧불이 유충은 다슬기 등을 먹고 자라 이듬해 봄에 땅으로 올라와 40일 정도 지나면 성충이 된다. 이때부터 약 보름 동안 성충은 이슬만 먹고 살면서, 서로의 짝을 찾기 위해 불빛을 발산한다. 반딧불이의 불빛은 루시페린이라는 발광물질과 루시페라제라는 발광효소가 들어 있는 특수한 세포가 만들어내는 것인데, 이 세포에 산소가 공급되면서 생기는 아데노신3인산(ATP)이 루시페라제와 결합하여 빛을 낸다.

형설지공(螢雪之功)이라는 말이 있다. 작년엔가 반딧불이를 잡아다 페트병에 넣어 실험을 했는데, 200마리 정도를 넣어 밤에 신문을 읽었다고 한다. 옛 고사가 그저 빈말만은 아닌 것이 증명된 셈이다.

하지만 반딧불이가 날로 줄어들고 있다고 무주 사람들은 걱정이 많다. 산을 깎아서 리조트 만들고 그것도 모자라 골프장을 만들고 게다가 해마다 축제 한답시고 수천 수만의 사람들을 불러다 망가뜨려 놓고는 무슨 할말이 있느냐고 비아냥거리는 사람들도 있다.

가을은 역시 메뚜기의 계절

무주에서 30번국도를 타면 성주로 이어지는데, 그 길목에 오성산 산줄기를 관통하는 나제통문이 있다. 신라와 백제를 이었다는 이 통문은 그 옛날에 뚫은 것이 아니라 일제시대에 무주와 경북 성주 간 30번국도를 닦으면서 뚫었다고 한다. 알고 나면 조금은 실망스러워진다.

나제통문을 지나 10여 리 길에 무풍이 있다. 지금은 한적한 산골이지만, 조선 후기 한때는 기세등등했던 곳이다. 봉황이 날개를 활짝 펼친 형국을 따라 이름도 '무풍(舞豊)'이다. 길지(吉地)답게 재상을 둘씩이나 냈다.

백산서원 뒤로 느티나무 한 그루가 눈부시게도 물들어가고 있다. 느티나무는 은행나무와 함께 최장수 나무답게 마을을 지켜주고 있다. 느티나무는 수관(樹冠)이 좋아서 은행나무보다 더 큰 그늘을 드리우는데, 그 그늘이 바로 마을 공동체를 지켜온 느티나무의 덕목이다.

곤줄박이 한 마리가 숲에서 쪼르륵 내려오더니 낯선 사람을 보고는 고개를 갸우뚱한다. 대개 텃새들은 그곳 사람과 난뎃사람을 잘 구별한다.

곤줄박이는 박샛과이지만 가슴이 붉은 것이 특징이다. 주로 활엽수림에서 살면서 나무구멍에 둥지를 틀며 아무것

은행나무와 함께 최장수를 자랑하는 무풍 느티나무(왼쪽)
박샛과의 곤줄박이(오른쪽)는 머리 쪽은 검은색과 노란색이 있고 날개와 등은 여느 박새처럼 진회색이다.

이나 먹는 잡식성이지만 특히 잣이나 땅콩 따위를 발 사이
에 끼워서 부리로 쪼아 깨먹는 모습이 여간 귀엽지 않다.
산림 주변에서 흔하게 볼 수 있는 곤줄박이는 사람을 별로
무서워하지 않아 귀여움을 받는다.

　나제통문으로 도로 나와 구천동 깊숙이 들어가다 보면
도로 왼편에 수성대 안내판이 서 있다. 그곳에서 걷기에 그
만인 산길을 낙엽 밟으며 가면 끝자락에 수성대가 있다. 산
속에 꼭꼭 숨어 있어서 사람 밟히도록 붐비는 단풍철에도
이곳은 한적하다.

　산에 들에 가을 그림자가 드리워지면 곤충들도 가을맞이
를 한다. 곤충들은 날개나 몸 색깔을 바꾸는 것으로 가을맞
이를 시작하는데, 푸른색이 점차 갈색으로 바뀌는 것은 아
무래도 '자기 감추기'일 것이다.

　속담에 '메뚜기도 한철'이라고 했다. 가을은 역시 메뚜기

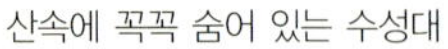

산속에 꼭꼭 숨어 있는 수성대

의 계절이다. 눈에 익은 벼메뚜기며 줄베짱이, 실베짱이, 여치, 긴꼬리, 방아깨비, 풀무치, 팥중이, 콩중이, 밑들이… 모두 다 메뚜기 종류이다.

메뚜기 무리는 대개 소리를 내는 발음기와 이를 듣는 청각기관을 갖고 있다. 또 풀밭에 살면서 화본과 식물의 잎을 즐겨 먹는데, 만약 육식곤충이라면 그런 멋진 소리를 내지 못할 것이다.

평지의 풀밭이나 숲 가장자리에 사는 줄베짱이도 가을이면 어김없이 모습을 보인다.

베짱이 이야기가 나왔으니 말인데, 해방을 전후하여 서울에는 베짱이 장수가 있었다고 한다. 베짱이를 잡아다 도시에 내다 팔았던 것이다. 사람들은 베짱이를 사다가 서재에 두고 그 울음소리를 즐겼다고 하지만, 그 베짱이가 방안에서 무얼 먹고 지냈는지 자못 궁금하다.

숲길 옆의 정자는 한말 영호남의 선비들이 모여 시국을 논하던 곳이다. 팔작집 누마루에 앉으면 멀리 덕유의 한 줄기가 보인다. 담장을 낮추면 먼산도 내 집 뜰 안으로 들어온다. 이것이 한옥의 자연친화적 조경이다.

정자 뒤로 돌아가면 풍치 좋은 계곡이 펼쳐지고, 수성대 창암 꼭대기에는 소나무가 허공중에 아슬하게 치솟아 있다. 그 아래로 원당천 물줄기가 귀뚜라미 소리를 내며 흐른다.

은둔자의 터전 구천동과 맹인의 산 덕유

구천동 들머리인 삼공리에 이르면 좌우로 덕유산 자락이 내려와 있다. 덕유산의 산세는 둥글고 원만하지만, 동쪽은

줄베짱이는 앞가슴과 등판이 납작한 편이다. 수컷에는 진갈색 줄이, 암컷에는 황백색 줄이 있다.

가파른 편이다.

들머리는 관광지답게 눈에 보이고 귀에 들리는 것 모두가 소란스럽고 번잡하다. 번화가가 되어버린 당골마을 한구석에 화전민들의 옛 귀틀집 흔적이 남아 있다. 통나무벽을 우물 정(井)자로 쌓아올린 이 집을 다른 지방에서는 '투막집' 혹은 '귀틀집'이라 부르지만, 이곳에서는 됫박처럼 생겼다 해서 '말집'이라고 부른다.

양백지간에서나 볼 수 있는 이런 집이 남아 있을 만큼 이곳은 산 높고 골이 깊다. 이런 흔적을 접할 때마다 문화는 자연의 또 다른 모습임을 절실하게 깨닫는다.

백련사까지는 왕복 3시간은 족히 걸리는 거리다. 그러나 인월담, 비파담, 구월담, 안심대, 명경담, 백련담, 구천폭, 이속대, 연화폭 같은 절경 있기에 그렇게 지루한 산길만은 아니다.

사람들은 '구천동(九千洞)'을 마을 이름으로 알고 있지만, 계곡을 가리키는 고유명사이다. '동(洞)'이란 본래 풍광 좋은 계곡을 가리키는 유학(儒學)의 용어인데, 좀더 근사한 비유들이 있다. 숙종 때 남인의 영수였던 미수 허목은 『덕유산기』에서 이 계곡을 '구천뢰(九千磊)'라고 표현했다. '磊'라는 글자의 생김새만으로도 구천동의 모습을 상상하기 어렵잖다. 또 명종 때 퇴계와 경연(임금과 시국을 논하는 일)을 함께했던 임훈(林薰)은 이 계곡을 '구천둔(九千屯)'이라고 했다. 그만큼 골짜기에는 은둔자가 많았던 것이다.

또 덕유산에는 유난히 맹인 설화가 많다. 맹인 도사가 제자 500명을 모아놓고 도를 가르쳤다는 오수좌굴 전설이 있

고, 덕유산에 칡이 귀하게 된 전설에도 맹
인이 등장한다.

덕유산 골짜기에 맹인 형제가 살고 있
었다. 아우는 형을 위해 매일같이 칡을 걷
어다 칡죽을 쑤어주었다. 그런데 어느 날
형은 아우가 저만 많이 먹고 자기에게는
찌꺼기만 주는 줄 알고 그만 아우를 목 졸
라 죽여버렸다. 죽어서 소쩍새가 된 아우
는 형이 굶어죽을까 봐 이곳저곳을 날아
다니며 칡이 있는 곳을 가리켜주었다. 그
런데 형이 칡에 손을 대기만 하면 그 순간
칡뿌리는 녹아버리는 것이었다. 결국 형
은 덕유산 칡을 다 녹여없애고 난 뒤에야
굶어죽었다.

그러고 보니 아래쪽말고는 그 흔한 칡
이 눈에 띄지 않는다. 우리나라 산에 가장
흔한 칡이 여름과 가을 사이에 보라색 꽃을 피우면 여간 이
쁘지 않다.

계곡 주변에도 가을꽃이 군데군데 피어 있다. 꽃향유, 투
구꽃, 쑥부쟁이, 오이풀, 미역취, 산국, 이삭여뀌, 고들빼
기, 구절초, 참취, 수리취, 송이풀, 산오이풀…. 좀더 위로
올라가면 용담, 산부추, 병아리풀, 노루삼, 천남성, 금강애
기나리가 보인다.

가을이면 자주색 꽃이 피는 꽃향유는, 향기가 좋아서 벌
과 나비들을 잘 꼬시는 흔한 꽃이다. 보랏빛 투구꽃은 이름

남한에서 한라, 지리, 설악 다음으로 높은 덕
유산 속의 구천동

꿀풀과 한해살이풀 꽃
향유(왼쪽)
덩굴식물 칡(오른쪽)은
여름~가을에 보라색 꽃
이 피며, 가지에는 억센
털이 수북하고 잎은 석
장씩 모여난다.

처럼 꽃 모양이 투구를 닮았다.

산행로 주변에는 소나무와 참나무류를 비롯하여 물푸레나무, 층층나무, 오갈피, 산벚, 마가목, 백당나무, 생강나무, 야광나무, 보리수나무, 대팻집나무, 조릿대가 보이고 식재한 모감주나무, 전나무, 잣나무가 있다. 8부능선께부터는 주목과 구상나무 군락이 보인다.

초심자들은 어쩌다 이름을 아는 꽃이나 나무를 만나면 마치 오랜 친구를 만난 듯 그렇게 반가워할 수 없다.

가을이면 주목의 나뭇가지에 자잘하게 붙어 있는 짙푸른 잎 사이로 자그마한 붉은 열매가 달린다.

하지만 구상나무를 보면 절로 한숨이 나온다. 우리나라 특산종인 이 나무를 미국 사람들이 가져가서는 요즘 크리스마스 트리로 내다 팔고 있다. 그들이 빼앗아간 것이 어디 구상나무뿐이겠냐마는, 더욱 분통이 터지는 일은 우리 식물학자들이 그들의 앞잡이 노릇을 해왔다는 사실이다. 배운 놈이 도둑놈이라는 옛 속담이 그래서 나왔는지 모르겠다.

주목잎사귀(왼쪽). 원추 모양의 주목은 1천 미터 이상의 고산을 좋아하며 붉은 나무껍질에는 윤기가 흐른다.
그물버섯(오른쪽)

그늘진 곳에는 껄껄이 그물버섯과 먹물버섯 등 버섯 몇 종류도 눈에 띈다. 그러나 버섯들은 이름 익히기가 무척 까다롭다. 핀 상태에 따라 색상과 무늬가 자주 변하기 때문이다.

김시습의 것으로 잘못 알려진 매월당 부도를 지나 백련사에 들어서면 돌배나무가 돌배를 달랑달랑 달고 있다. 이쯤 해서 부처님 뵙고 하산한다.

교통
서울에서 무주까지 1시간 간격으로 버스가 다닌다. 전주 · 대전 · 영동에서도 구천동 가는 버스가 1시간마다 있다. 무주에서는 30분 간격으로 군내버스가 다닌다.

숙식
덕유산 삼공지구에 여관과 식당이 많다. 구천동 공원관리사무소(063-322-3374).

제주의 종려나무

사람들이 비켜 산
보길도의 난대상록수림

일찍이 해남을 '유형의 땅'이라 하고, 보길도를 '은둔의 섬'
이라 하였다. 역사적 야인들이 더러는 유배를 당하거나 더
러는 정변을 피해 세상을 등지고 숨어든 역사의 후미진 땅
이기 때문이다.

그러나 바로 이 같은 지정학적 오벽성(奧僻性)이 오히려
이 지역의 자연과 옛 문화를 오래도록 지켜낼 수 있게 하지
않았을까 하는 생각이 든다. 사람이 비켜 산 곳일수록 자연생
태계가 더 건강하다는 기막힌 역설은 오늘날에도 유효하다.

고산의 흔적만큼이나 빼어난 자연

보길도는 태백-소백-노령-무등-월출-두륜-달마-사자
봉으로 내려온 백두대간이 한 점 물방울처럼 튀어간 섬이
다. 그래서 해발 425미터의 격자봉을 비롯하여 광대봉과
망월봉 등이 거느리는 산지가 많다.

보길이라는 이름에는 그럴싸한 사연이 있다. 옛날 영암
에 사는 한 부자가 선친의 묘를 쓰려고 풍수와 함께 보길도
로 건너갔다. 풍수가 몇 날 며칠을 돌아다닌 뒤 "십용십일

보옥리 상록수. 격자봉 등 섬 전체 면적의 80%가 산지인 보길도에는 곳곳에 건강한 난대 상록수림이 해송숲과 이웃하여 형성되어 있다.

구(十用十一口)"라는 결론을 내렸다. 명당 열한 곳 가운데 열 곳은 이미 다른 사람이 쓰고 한 곳만이 남았다는 뜻이다. 부자는 풍수에게 애걸복걸했지만, 풍수는 끝내 욕심 많은 부자에게 나머지 한 곳을 가르쳐주지 않고 섬을 떠나버렸다. 그후 사람들이 풍수가 남긴 "十用十一口"를 조합하여 보길도(甫吉島)라고 이름하게 되었다고 한다.

　보길도는 행정상 완도군에 속해 있다. 그러나 거리로 보면 해남 땅끝마을이 더 가깝고, 보길도의 옛 주인이었던 고산 윤선도도 해남땅에서 건너갔다. 땅끝마을 갈두리항에서 보길도까지는 1시간 뱃길이다.

　　동풍이 건듯 부니 물결이 고히 인다
　　돛 달아라 돛 달아라
　　동호를 돌아보며 서호로 가자스라

지국총 지국총 어사와

앞산이 지나가고 뒷산이 나아온다

고산 윤선도가 보길도에서 지은 「어부사시사」 가운데 한
수이다.

보길도 하면 흔히 고산을 떠올리는 것은 그가 병자호란
후 현실정치에서 손을 떼고 이곳에 은둔하였기 때문이다.
고산의 흔적은 지금도 군데군데 남아 있어서 답사객들의
발걸음이 끊이지 않는다. 그러나 아쉽게도 보길도의 자연
에 대해 눈길을 주는 이들은 거의 없다.

난대수림과 수생식물의 절묘한 조화

보길도에 사람들이 들어와 살기 시작한 것은 오랜 옛날이
지만, 마을이 제대로 이루어진 것은 병자호란 이후라고 한
다. 현재 6천 명 가량의 주민이 해안을 따라 마을을 이루고
살며, 선착장이 있는 청별을 가운데 놓고 보옥리 가는 길과
예송리 가는 길이 나 있다.

청별 선착장에 이르면 격자봉과 망매산이 어깨동무를 하
고 나와 정겹게 길손을 맞는다. 격자봉은 일부 자료에 적자
봉으로 나와 있어서 혼동을 일으키지만, 대개는 격자봉으
로 쓰고 있다. 앞을 보면 그림 같은 바다, 돌아보면 송림과
동백숲에 묻힌 해맑은 바위산들….

그러나 청별포구는 고산 윤선도가 처음 발걸음을 내디딘
곳은 아니다. 당시 고산이 당도한 곳은 청별포에서 서쪽 해
안을 따라 십리쯤 떨어진 등문리 포구 쪽이었다. 그때만 해

도 청별포는 뱃길도 없었다고 한다. 청별포는 완도가 커지고 보길도가 관광지가 되면서 갑자기 '뜬' 포구이다.

보길도 첫걸음은 아무래도 부용동이다. 포구에서 부용동까지 버스가 다니긴 하지만, 운치가 나서 걸어가기에 딱 좋은 길이다.

고산은 천상 연꽃의 시인이었다. 그가 태어난 곳도 서울 연화방(蓮花坊)이었고, 그의 옛집도 해남 연동(蓮洞)마을이다. 그리고 은둔해 들어온 곳도 부용동이다. 부용(芙蓉)이란 연꽃을 말하는데, 고산은 "마치 연꽃 봉오리가 반쯤 터진 것 같아서 부용이라고 이름했다"는 내용이 『보길도지』에 실려 있다.

사적 제368호로 지정된 이곳 부용동 옛터에는 최근에 복원한 세연정을 비롯하여 고산이 마음 심(心) 자를 본떠서 만들었다는 세연지, 동백숲과 세죽에 묻힌 동대와 서대, 고산이 시심을 가다듬으며 거닐었다는 굴뚝다리 등이 아담하게 자리잡고 있다.

세연지는 우리네 전통 정원의 품격을 유감 없이 보여주고

비파나무(위) 그리고 고산이 손수 설계한 것으로 전해지고 있는 세연지와 세연정

있는 연못이다. 자연상태의 계담을 이용하여 만든 이 연못은
고산이 직접 설계했다고 한다. 그래서 세연지는 물이 항상
들고나며, 또 연못 가운데 흑약암과 옥소암 등 크고 작은 바
위 일곱 개가 자리하고 있어 자연미를 더해 주고 있다.

세연지와 회수담 가운데 덩그렇게 앉아 있는 세연정은
근래 지은 것이라 아직 시간의 때가 덜 묻었다. 고증이야
철저히 거쳤겠지만, 덩치가 커서 그런지 주위와 썩 어울리
는 편은 아니다. 오히려 세연정 주변의 난대수목들을 돌아
보는 눈맛이 더 즐겁다.

큰구슬나무, 향칠목, 팽나무, 구실잣밤나무, 참느릅나무,
예덕나무, 황칠나무, 대나무, 동백, 후박나무, 비파나무 같
은 난대성 상록수들이 주변을 아늑하게 감싸고 있다. 더러
옮겨심은 것도 있지만, 제자리에 있던 나무가 더 많다.

후박나무는 제주도를 비롯한 섬들과 해안지방에 자라는
우리나라 대표적인 난대수종의 하나이다. 울릉도에도 있기
는 하나, 내륙에서는 금강 이남에서만 자란다. 가지가 빽빽
하고 잎도 무성하여 웅대한 느낌을 준다. 여느 난대수종과
마찬가지로 두꺼운 가죽질〔革質〕 잎사귀에 윤기가 흐르는
데, 기후가 맞지 않거나 토양이 척박하면 잎이 말려들거나
윤기가 없어진다.

연못에 함부로 풀어놓은 비단잉어와 금붕어가 눈에 밟히
지만, 물위에 뜬 수련·개연·줄·가래·개구리밥 등 수생
식물들이 난대수림과 그렇게 궁합이 잘 맞아떨어질 수 없
다. 때마침 노랑어리연꽃이 꽃망울을 터뜨리고 있다.

뿌리줄기에서 나온 긴 꽃줄기 끝에 노란 꽃 한 송이가 앙

겉쪽은 짙은 녹색이고 안쪽은 흰녹색인 잎이
무성한 후박나무(위)와 황칠나무(아래)

여러해살이 수생식물인 노랑어리연꽃(왼쪽)은
여름에 노란 꽃이 피며, 뿌리줄기에서 나와 물
위에 뜬 잎은 자루가 길고 20센티 가량의 타원
모양이다.
덩굴성나무 인동(오른쪽)은 여름에 하얀 꽃이 피
는데 꽃이 질 무렵이면 노란색으로 변한다.

증맞게 피어나고 있다. 크고 화려한 연꽃에 비하면 턱없이
작고 초라하지만, 순박하고 청초함은 연꽃이 따라오지 못
한다.

깊고 말간 소에 온갖 고기 뛰어놀고

동백을 비롯한 갖가지 난대수목으로 덮인 동대와 서대는
일종의 무대와 같은 것이다. 동백그늘에 앉아 임이 뜯는 가
야금 소리 들으며 술잔을 기울이던 고산의 음풍농월이 쉽
게 상상이 간다. 하지만 나라가 외세에 짓밟히고 있는 때에
기생을 데리고 음풍농월이라니…. 하긴 죽은 고산을 탓해
서 무엇하랴. 지금도 곳곳에다 별장 지어놓고 주지육림에
빠져 놀아나는 부류가 있는 터에.

관광객들이 왁자지껄 떠들어대는데도 어치 한 쌍이 뭔가
를 열심히 물어다 나른다. 직박구리도 파도를 타듯 숲을 건
너다닌다. 동백꽃 속에 들어가 꿀을 따먹는다는 동박새도
이따금 보인다.

세연정에서 걸어서 30분 거리에 있는 동천석실로 발걸음

을 옮긴다.

동천석실 가는 길가에 눈맛 좋은 노거수 해송들이 숲을 이루고 있다. 해송은 보길도 곳곳에 많이 자라고 있는데, 덩치 큰 소나무는 거의가 해송이다. 해송숲 건너 대숲도 보기 좋다.

해송숲을 지나 동천석실 입구에 이르면 드넓은 난대수림이 펼쳐지고 그 숲속에서 맑은 개울이 흘러나오고 있다. 개울가에는 희고 노란 인동꽃과 찔레꽃이 만발하다.

인동은 들이나 숲가에서 다른 물체를 감거나 기대면서 뻗는다. 꽃이 필 때는 흰색이었다가 질 때가 되면 노란색으로 변해서 옛사람들은 인동꽃을 '금은화'라고도 불렀다.

개울은 버들치와 피라미가 살 정도로 맑다. 밀물 때가 되면 이따금 바다에서 장어까지 올라온다고 마을버스 기사는 귀띔해 준다. 다슬기와 가재도 이 개울의 식솔이다.

밭둑 밑 연못에서는 참개구리와 무당개구리가 어울려 초

동천석실 입구의 드넓은 난대수림

여름 한때를 즐기고 있다. 그것을 노리는 백로와 왜가리가 이 개울 저 물길을 건너다니고, 어치도 새끼들을 위해 부지런히 먹이를 물어나른다. 여름이면 희귀종인 팔색조가 해마다 찾아오고, 겨울이면 오리류의 철새들도 심심찮게 날아들어 겨울을 난다고 한다.

어디선가 뻐꾸기가 낭랑하게 울고 있다.

> 우 거시 벅구기가 푸른 거시 버들숲가
> 이어라 이어라
> 외촌 두어 집이 속에 날락들락
> 지국총 지국총 어사와
> 말가혼 깊은 소희 온갖 고기 뛰어논다

고산이 듣던 바로 그 뻐꾸기 소리이다.

그 개울을 따라 계속 들어가면 보길도 사람들의 식수원인 저수지가 나온다. 그 물은 바다 밑에 깔린 파이프를 통해 노화도까지 연결되어 노화사람들까지도 다 먹여살린다. 보길도는 섬이면서도 산이 깊어서 물 걱정은 하지 않는다.

그 개울을 건너 해발 200미터쯤 되는 산중턱에 이르면 동천석실이 있다. 보길도에서 경관이 가장 좋다는 이곳에 고산은 바위를 깎아서 연못 두 개를 만들고 석간수로 물을 채웠다. 그리고 그 위쪽 바위에다 그림 같은 정자를 아담하게 지었다.

고산은 여러 시편을 통해 자신을 유인(幽人)이라고 불렀다. 유인이란, 글자 그대로 산속에 묻혀 사는 은자(隱者)라

는 뜻이다. 아니, 유인은 은자보다 훨씬 더 탈속의 자연을
느끼게 하는 말이다.

앞산에 비가 개니 고사리 새로워라
봄을 맞은 이네 손님 찬 없다 불평 마오
샘물 가득 부어 보리밥을 말고 보면
유인(幽人)의 살림살이 가난치 아니하리

흔히 작품과 작가는 별개의 것이라고 말한다. 그렇다, 그
의 생애는 아무래도 유인의 삶으로는 여겨지지 않는다. 하
지만 이곳의 대자연은 분명 유인들이 갓을 벗어 걸어둘 만
하다.

회화성이 뛰어난 어부사시사의 무대

그럼 보옥리로 발걸음을 옮겨보자. 보옥리 가는 길은 밖으
로 다시 나가서 아까 본 세연정을 지나 왼편으로 난 포장도
로를 따라 끝간 곳에 있다. 보옥리 마을로 가는 해변길은
「어부사시사」의 무대이면서 보길도에서 경관이 빼어난 관
광로이다.

앞개에 안개 걷고 뒷뫼히 해 비춘다
배 띄워라 배 띄워라
밤믈은 거의 지고 낮믈이 밀어온다
지국총 지국총 어사와
강촌 온갖 고지 먼 빛이 더욱 됴타

등문-정동-정자-선창-보옥리 마을로 이어지
는 해변길은 「어부사시사」의 무대가 될 만큼 경
관이 빼어나다.

「어부사시사」는 어느 수를 읽어도 회화성(繪畵性)이 뛰
어나다. 그의 시대가 진경시대가 아님에도 마치 진경시대
의 산수화를 보는 듯하다.

장사도 건너편으로 노화도가 보인다. 원래는 해오라기가
많이 산다고 해서 노아도(鷺鴉島)라고 했는데, 일제 때 갈
대섬이라는 뜻의 노화도(蘆花島)로 바뀌었다.

등문을 지나 정동리 바닷가에 이르면 뭍과 이어진 작은
솔섬이 하나 있는데, 마치 인공으로 조경한 것처럼 해송 몇
그루가 풍광 좋게 서 있다. 선창마을 뒤에 우뚝 솟은 망매
산 꼭대기에는 그 옛날 봉화대가 있어서, 해남 땅끝마을 사
자산 봉화대와 연락을 했다고 한다.

보옥리 해변의 난대림이 거센 바람을 막으며 병풍처럼
조성되어 있다. 보길도의 난대림은 오로지 기후의 영향이
다. 이곳은 난류의 영향으로 일년 내내 따뜻한 해양성 기후
여서 겨울에도 연평균 기온이 0°C이며, 강우량도 연 1400

밀리미터를 넘는다.

그러나 보길도에도 문제가 없는 것은 아니다. 90년대 들어 관광지로 갑작스레 뜨면서 자연생태계에 빨간 불이 켜졌다. 점점 늘어나는 편의시설과 도로 개설 및 확장으로 몸살을 앓고 있다. 숲들이 견딜 수 있을 만큼만 관광객 숫자를 제한하는 것도 좋은 방법일 것이다. 뿐더러 보옥리 해변의 망매산 한 자락이 포크레인으로 파뒤집어지고 있다. 그 채석장에서 나온 돌로 마을 방파제를 만들었다고 한다. 먹고 사는 일도 중요하지만, 그 절경의 산을 깨뭉개다니…. 보길도의 자연을 지키기 위해서 이제 옐로카드를 꺼낼 때가 되었다.

숲을 위하는 마음이 유별난 마을

이제 예송리 바닷가로 나간다. 부용동 다음으로 길손들이 즐겨 찾는 예송리는 다시 청별로 나가 마을버스로 고개를 넘어가야 한다.

역시 「어부사시사」의 무대였던 이곳은 주민들이 주로 고기잡이를 하지만 근래 들어서는 관광수입도 짭짤해 보길도 안에서는 가장 잘사는 마을로 손꼽히고 있다.

버스에 내리면 바닷가에 건강한 해송이 줄지어 있고, 울창한 난대수림이 마을을 풍치 좋게 두르고 있다. 바다 건너 푸른 섬 하나가 손에 잡힐 듯이 가깝게 떠 있다. 난대 상록수인 감탕나무가 군락을 이루고 있는 예작도이다.

약 300년 전에 마을사람들이 태풍을 막기 위해 심었다는 난대 상록수림은 본래 바닷가를 따라 1.5킬로쯤 되었는데,

지난 1962년 사라호 태풍 때 남쪽의 숲이 파괴되고 뒤이어 북쪽의 숲 일부도 많이 훼손되어 지금은 1킬로도 채 안 남아 있다.

이곳의 난대수림은 큰구슬나무, 까마귀쪽나무, 섬회양목, 참가시나무, 참느릅나무, 예덕나무, 황칠나무, 생달나무, 사스레피나무, 후박나무, 모밀잣밤나무, 송악 등 20여 종의 활엽수가 우점하고 있다. 작살나무와 팽나무, 상동나무, 졸참나무 같은 떨기나무(낙엽 지는 나무)도 함께 벗하며 한세상을 살아가고 있다.

현재 서남해안을 중심으로 전국에 몇 군데 난대수림이 남아 있지만, 보길도 난대수림만큼은 건강하지 못하다. 사철 없이 따뜻한 기후에다 토양까지 기름져서, 보길도의 난대성 수림들은 얼굴이 비칠 정도로 윤기가 흐른다. 사람도 그렇듯이 만물은 잘 먹고 잘 살면 건강해지게 마련이다.

한때 후박나무 껍질을 벗겨 한약재로 내다 팔기까지 했

천연기념물 제40호 난대수림을 배경으로 앉은 예송리의 건강한 해송숲

으나, 이제 예송리 사람들도 이 방풍림이 망가지면 마을도 함께 망한다는 것을 잘 알고 있다. 그래서 숲을 위하는 마음도 유별나다.

격자봉 계곡에서 내려오는 산신당 고랑(개울)을 따라 난대 상록수림이 안개처럼 자욱히 깔려 있고, 그 끝에 당산나무가 있다. 사람들은 마을의 안녕을 위해 해마다 섣달 그믐날 당산제를 올린다. 숲과 자연에 대한 제사에 다름 아니다.

난대수림 사이사이로 시퍼런 해송들이 이웃하며 살고 있고, 그 바깥으로 바다가 펼쳐져 있다. 바다 위로는 크고 작은 섬들이 그림같이 떠 있다.

파도가 부서지는 바닷가에는 모래 대신 깻돌이라 불리는 까만 자갈이 2킬로미터나 깔려 있다. 서로 부대끼고 파도에 시달리다 보니 하나같이 모난 것 없이 동글동글하다. 모난 것은 거기서 배겨나지 못할 것이다. 아니, 아무리 모난 돌도 그 바다에 들어와 살면 둥글둥글해지게 마련이다. 더불

회화를 연상케 하는 바닷가

보길도의 난대성 수림은 마치 거울처럼 윤이
난다.

어 살면 사람세상도 그렇게 될 것이다.

언젠가 '풀꽃세상을위한모임'에서 이 깻돌에게 상을 주
었다. 우째 그런 생각을 다 했을꼬? 참 풀꽃 같고 깻돌 같은
사람들이다.

교통
서울에서 완도·해남행 버스가 있고, 완도항과 땅끝마을에서 카페리가 1
시간 간격으로 다닌다. 교통편은 배편(061-552-0116/555-1010), 택시
(553-8876), 버스(553-7077).

숙식
식당을 겸한 민박집이 많다(552-8506/553-6743/553-6727/553-
6222).

기타
환경에도 관심이 많은 향토사학가 강종철 선생(553-6321)과 보길면사무
소(553-7001)를 통하면 도움을 받을 수 있다.

발 가는 길이 곧 생태기행 코스인
순천 조계산

산은 뭇 생명의 집이다. 산의 주인은 사람이 아니라 그곳에 사는 야생 동물과 식물들이다. 인간이 이 지상에 태어나기도 전에 그곳에서 조상 대대로 살아왔기 때문이다. 그래서 옛사람들은 산을 '오른다〔登山〕' 하지 않고 '든다〔入山〕'고 하였다.

수행자들의 하심으로 더욱 돋보이는 산

조계산은 대자연 앞에 하심으로 앉은 수행자들로 해서 더욱 깊고 외경스러운 산이다.

호남정맥이 남해에 이르러 머문 곳에 순천이 있다. 특히 옛 승주지역은 총면적의 73퍼센트가 산지여서, 전남에서는 가장 깊은 산간이다. 월출산, 무등산과 함께 호남의 3대 명산의 하나인 조계산(884)이 그 산간에 우뚝하다.

조계산 장군봉에 오르면 동쪽으로 갈미봉, 남쪽에 고등산과 금전산, 서쪽에 망일봉, 북쪽으로 희아산과 봉두산이 서로 어깨를 견주며 빙 둘러 있다. 모두가 조계산의 빼어난 제자들이다.

조계산을 중심으로 동쪽에 선암사가 있고 서쪽에 송광사가 있다. 선암사는 우리나라 태고종의 중심 사찰이고, 송광사는 조계종의 승보사찰이다. 원래 송광산이었던 이름도 보조 지눌이 들어와 조계종을 열고부터 바뀌었다.

조계산에 와서는 생태기행 코스를 따로 잡을 필요가 없다. 먼저 송광사 주변을 돌아보고 마당재를 넘어 선암사로 들어가는 코스만으로도 넉넉하다.

호남고속도로를 타고 송광사 교차로에서 꺾어지면 송광사까지는 10킬로 남짓하다. 신평 삼거리에서 송광사까지도 걸어서 불과 한 시간 거리다. 신평천을 거슬러 올라가는 길이라, 이것저것 관찰하면서 가다 보면 그리 멀지도 않다.

조계산은 동서로 승평호와 주암호 등 큰 저수지를 두고 있다. 선암천·신전천·석흥천은 동남쪽의 승평호로 들어가고, 신성천과 신평천은 서쪽의 주암호로 들어간다. 주암

송광사 계곡

호로 들어간 물은 섬진강이 되고, 승평호로 들어간 물은 순천만으로 나간다. 이 저수지들 때문인지 조계산 계류들은 규모나 수량 면에서 별로 주목받지 못하고 있다. 계류에도 버들치와 눈동자개, 둑중개, 왕종개, 기름종개 같은 민물고기가 서식하고 있으나 그리 다양하지는 않다.

송광사 계곡에서 흘러나오는 신평천에서는 그런 대로 여러 가지 수서곤충을 살펴볼 수 있다. 강도래 애벌레는 얕은 물 속의 바위 밑에 붙어살고, 날도래 애벌레는 모래와 나무 껍질을 버무려서 만든 튼튼한 집을 짓고 산다. 하루살이 애벌레도 물 속에 사는 수서곤충의 하나이다.

사람들은 걸핏하면 하루살이, 하루살이 하지만 정작 하루살이를 아는 이는 드물다. 여름날 떼지어 날아다니며 사람들을 귀찮게 하는 작은 곤충들은 하루살이가 아니라 날파리류이다. 결국 하루살이는 아무 죄 없이 사람들로부터 미움을 받고 있는 셈이다.

또 이름과 달리 하루살이가 아니다. 애벌레로 오랫동안 물 속에서 살다가 날개를 달고 밖으로 나와서도 사흘은 거뜬히 산다. 다만 날개를 달고부터는 아무것도 먹지 않고 오직 짝짓기만을 위해 살아 있을 뿐이다. 그러다가 짝을 못 만나 처녀총각으로 늙어죽는 놈도 많다.

물위에는 물무당과 물땅땅이와 소금쟁이가 눈에 띈다. 소금쟁이는 다리 끝에 기름기가 있어서 물위를 떠다니며 물위에 뜬 죽은 곤충들을 주로 잡아먹는다.

장마가 지나가고 난 다음이어서 그런지, 조계산 계류지역에는 이끼와 버섯이 우후죽순처럼 돋았다.

강도래 애벌레(위)와 하루살이(가운데), 육식성 소금쟁이(아래)

우산이끼. 계류의 이끼들은 게아재비 같은 곤충들에게 산란터를 제공한다.

이끼와 버섯은 공룡보다 먼저 이 세상에 태어난 생명체들이다. 숲의 유기물을 분해하는 청소부인 이들은 다 음지를 좋아하는 이웃사촌이지만, 이끼는 스스로 광합성을 하며 살아가는 데 비해 버섯은 다른 생명체에 의지해서 살아간다. 특히 식물 가운데 이 지구상에 가장 먼저 나타난 이끼는 중금속을 없애주고 작은 동물들의 보금자리가 되어준다.

이끼와 비슷한 것으로 지의류(地衣類)가 있다. 나무나 바위에 검버섯처럼 붙어 있는 지의류는 건조할 때는 잿빛을 띠지만 습기와 햇볕이 적당하면 초록빛을 띤다. 공해에 약해서 환경오염의 지표식물이 되고 있는데, 환경이 오염된 도심의 나무나 바위에는 지의류가 끼지 않는다.

"비우고 또 비우니 큰 기쁨일세"

빽빽한 송림과 철철거리는 계류와 둥글뭉수레한 멧부리가 유양부박(悠揚不迫)하게 짜놓은 동부(洞府), 조계산의 첫인상은 더부룩함이다.

75년 전에 육당 최남선이 「심춘순례」에서 묘사했듯이, 송광사 가는 길은 호젓하고 아늑하며 또 넉넉하다. 그러나 송광사 생태기행의 초점은 뭐니뭐니해도 전통 화장실인 '해우소(解優所)'가 0순위이다.

해우소는 말 그대로 '근심을 푸는 곳'이다. 이 말에는 깊은 생활철학과 오랜 전통이 깃들여 있다. 게다가 "비우고 또 비우니 큰 기쁨일세. 탐진치도 이와 같이 버려서 한 순간도 허물을 없게 하라. 옴 하로다야 사바하"에 이르면 해

송광사의 해우소. 현재 절집 해우소는 송광사 외에 고개너머의 선암사, 지리산 연곡사, 상왕산 개심사, 송광사 불일암, 여천 흥국사, 사천 다솔사, 문경 김룡사에 남아 있다.

우소는 단순한 배설공간이 아니라 수행공간이 된다.

그리고 무엇보다 중요한 것은 절집 해우소야말로 근래 들어 자주 논의되고 있는 생태건축으로 첫손 꼽히는 건축물이라는 사실이다.

송광사 해우소는 천왕문을 들어서면 왼쪽으로 멀찌감치 자리하고 있다. 마치 전각처럼 기와를 올리고 단청을 멋지게 해놓아서 처음 가는 사람들은 찾기가 쉽지 않다. 뿐더러 해우소 앞에 멋진 연못을 파고 물고기까지 길러서 감쪽같다.

절집의 전각들은 지대가 높을수록 격이 높아진다. 그래서 하위에 속하는 해우소는 다른 전각보다 아래쪽, 개울 가까이로 내려와 있다.

해우소는 경사진 곳에 자리한 중층 누각이다. 위층은 볼일 보는 곳이요, 아래층은 배설물 저장칸인 변조이다. 위층

벽은 모두 널빤지로 둘러치고 통풍과 채광이 잘되는 살창을 두었다. 그래서 냄새가 거의 나지 않는다. 사뭇 엉성해 보이지만, 음양의 조도 차이 때문에 밖에서는 안이 전혀 들여다보이지 않는다.

"뒷간은 지나가도 구리다"는 속담이 절집 해우소에서는 통하지 않는다. 기이하게도 해우소에서는 파리를 찾아보기 어렵다는 사실이 그 증거이다. 파리는 밝은 곳을 좋아하기 때문이다.

변조 출입구는 뒤쪽에 있다. 큼지막해서 자주 퍼내는 번거로움도 없고 위생적이다. 변조를 흙벽과 판자벽으로 마감한 것도 매우 과학적이다. 흙은 보온·보습 기능이 탁월하고 판자벽과 살창은 통풍이 잘되어 변조 내부를 건조하게 해주기 때문이다.

변조 바닥은 흙바닥이다. 바닥을 시멘트로 덮으면 땅이 숨을 못 쉰다. 땅이 숨을 못 쉬면 똥은 건조는 물론 발효되지 않아 썩을 수밖에 없다. 그러나 흙바닥에 낙엽, 재, 왕겨, 톱밥 등속을 깔아놓으면, 이것들이 위에서 떨어진 배설물을 매일 덮어서 습기를 빨아들여 배설물의 고형화(固形化)를 도와주고 냄새를 없애고 또 오줌이 바깥으로 흘러나가지 않게 막아준다. 그런 다음 배설물과 뒤섞여 질 좋은 두엄을 만들어낸다.

두엄은 어느 정도 발효가 되면 썩 좋은 거름이 된다. 옛날 스님들은 이 두엄으로 농사를 지었다. 요샛말로 하면 유기농법이다.

속담에 "뒷간에서 밥 찾는다"는 말이 있지만, 따지고 보

면 뒷간에서 밥 나오는 것은 사실이다. 그러니 밥과 똥은
불이(不二)가 아니겠는가.

조계산 생명체들의 '적과의 동침'

송광사에서 선암사로 가려면 마당재를 넘어야 한다.

조계산은 남해를 발 아래 둔 탓으로 고온다습한 해양성
기후여서 온대 낙엽활엽수림 지역이 넓고 수종 또한 다양
하다. 절 진입로의 측백나무숲에서는 짙은 향이 뿜어져 나
오고, 300년 세월을 붙박여 온 산철쭉이 있고 곱향나무 쌍
향수와 전나무 등이 두루 보인다.

조계산은 곤충들도 비교적 다양하다. 보호종인 애반딧불
이 · 유리창나비 · 잎벌 · 왕오색나비 · 극부전나비가 사는가
하면, 긴날개밑들이메뚜기 · 무당벌레 · 털두꺼비하늘소 ·

전남 채종림으로 지정된
조계산은 온대 낙엽활엽
수림이 절반 이상을 차
지하고 수종이 다양하
다. 곱향나무 쌍향수(천
연기념물 제88호)와 산
철쭉, 측백나무숲, 전나
무 등이 그 식솔이다.

털두꺼비하늘소(위)와 무당거미(아래)

선녀벌레 · 바구미 · 알락하늘소 · 주홍홍반디 · 노린재 · 잠자리각다귀 · 호리병벌 · 말벌 · 산호랑나비 외에도 각종 나방류와 잠자리류가 살고 있다.

털두꺼비하늘소는 딱지날개의 표면이 두꺼비 피부와 비슷하고 날개 안쪽에 털다발이 있다고 해서 붙여진 이름이다. 여름철 참나무류 숲에서 흔히 발견되는데, 큰놈은 아이들 엄지손가락만하다.

말벌 역시 조계산에서 쉽게 관찰되는 곤충이다. 말벌은 나무껍질에서 섬유질을 뜯어 침과 섞은 밀랍으로 집을 짓는데, 가을이 되면 애벌레를 보호하느라 열어놓았던 문을 꼭꼭 틀어막는다.

그 밖에도 백금거미, 꼬마거미, 무당거미, 먼지거미, 호랑거미, 깡충거미, 털게거미 같은 갖가지 거미류도 발견된다.

거미줄은 고농도 단백질 그 자체이며, 겹눈을 가진 잠자리도 좀처럼 찾아내지 못할 정도로 미세하다. 그리고 육식 곤충인 사마귀라도 일단 걸렸다 하면 속수무책일 정도로 질기다. 거미는 사냥감을 뜯어먹는 사마귀나 잠자리와 달리 걸려든 곤충의 체액을 빨아먹는다.

그러나 사마귀라고 거미들의 밥만 되라는 법은 없다. 오히려 거미를 잡아먹기도 한다. 주로 줄을 치지 않는 거미들이 그 대상인데, 거미류의 절반 가량은 거미줄을 치지 않는다. 깡충거미, 털게거미, 유령거미 같은 떠돌이 거미들이 그렇다. 털게거미는 꽃 속에 숨어 있다가 꿀을 먹으러 날아든 벌들을 잡아먹는다.

물론 거미줄에 걸리지 않는 곤충 또한 있다. 황장다리개

미나 거위벌레 종류는 거미줄에 아랑곳하지 않는다. 껍질이 딱딱한 딱정벌레류 역시 거미들이 별로 좋아하지 않는 먹잇감이다. 조계산 계류 부근에는 이런 곤충을 노리는 참개구리, 산개구리, 청개구리, 무당개구리, 아우르산개구리, 두꺼비 같은 양서류가 많이 서식하고 있다.

선암사 주변 풀숲에서 두꺼비를 만났다.

두꺼비는 주변의 색깔에 따라 몸을 갖가지 색깔로 바꾸는 변장의 명수이지만, 보기보다 매우 온순하고 행동도 느리다. 그래도 자기를 방어하는 기막힌 능력을 갖추고 있다. 위기에 처하면 등줄기 근육을 곤추세워 등에 돋친 돌기에서 희뿌연 독을 뿜어낸다. 뱀도 함부로 두꺼비를 삼키지 못하는 것은 이 때문이다.

이 양서류를 노리는 갖가지 파충류도 조계산에 서식하고 있다. 생태계는 먹이사슬로 얽혀 있어서 모든 생명체가 '적과의 동침'을 하며 살아간다 해도 과언이 아니다. 그렇다고 연약한 양서류가 뱀을 두려워해서 먼 곳으로 도망치지는 않는다. 조계산을 떠나면 먹고 살 일이 까마득하기 때문이다.

뱀은 배 쪽에 층층이 나 있는 복린(腹鱗)과 늑골로 땅을 밀어 소리없이 다니면서 끝이 갈라진 길다란 혀를 날름거리며 개구리나 쥐가 지나간 흔적을 찾아낸다. 대개의 뱀은 독성을 지니고 있어서 웬만한 먹이는 일격에 신경이 마비되는데다, 마치 귀신처럼 스르르 다가가 단숨에 먹잇감을 집어삼킨다.

뱀은 남쪽으로 갈수록 몸집이 크고 아름다우며, 비늘도

두꺼비. 양서류는 대개 물 속에서 살다가 어른이 되면 양쪽 생활을 하며, 겨울잠을 잔다. 앞쪽에 네 개, 뒤쪽에 다섯 개 달린 발가락에는 물갈퀴가 나 있다. 개구리와 두꺼비는 꼬리가 없고, 도롱뇽은 꼬리가 있다.

꽃뱀. 뱀은 주로 열대지방에 서식하며 전세계적으로는 13과 3천여 종이 있고 우리나라에는 3과 16종이 서식한다. 네 다리가 퇴화하여 비늘과 늑골로 움직이며 눈꺼풀이 없어 눈을 항상 뜨고 있다.

많다. 그래서 같은 독사라도 강원도 독사보다 전라도 독사가 더 아름답고 독하다. 먹이를 사냥할 수 있는 기간이 길고 사냥감도 풍부하기 때문일 것이다.

조계산에 살고 있는 8종의 뱀 가운데 터줏대감은 살모사이다. 살모사는 이름과 어긋나게 독사치고는 그리 화려하지도, 성질이 포악하지도 않다. 동작 또한 뱀치고는 느린 편이다. 살모사·까치살모사·쇠살모사 등 살모사류는 주로 산기슭과 풀밭에 사는데, 쇠살모사는 살모사보다 위쪽에 까치살모사는 산중턱에 서식한다.

살모사도 배가 고프면 물고기들을 사냥한다. 몸을 잔뜩 웅크리고 있다가 물고기가 사정권 안에 들어오면 마치 용수철처럼 얼굴을 물 속으로 집어넣고 눈 깜짝할 사이에 잡아먹는다. 쇠살모사는 몸집은 작지만 성질이 사납고, 칠점사라고도 불리는 까치살모사는 머리에 화살 모양이 있어서 쉽게 구분된다.

또 짙푸른 얼룩무늬에다 배쪽에 붉은 반점이 가지런히 나 있는 푸르뎅뎅한 유혈목은 선암사 마당에까지 기어나올 정도로 사람과 친숙한 파충류이다. 독이 있으나 치명적이지는 않다. 그런데도 사람들은 뱀만 보면 살의를 느낀다. 아마도 뱀의 혐오스러운 생김새 탓이 아닌가 싶다.

먹이사슬 구조를 보면 뱀 위에는 새들이 있다. 특히 조계산에는 천연기념물 제243호로 지정된 검독수리가 있으며, 새매·솔부엉이·올빼미·붉은배새매 같은 육식성 조류도 서식하고 있다. 그리고 보호조류인 호반새나 파랑새, 청딱따구리, 꾀꼬리가 곤충과 물고기들을 노리며 여름 한철을 보내고 있다.

　선암사 경내를 들어서면 상사화, 옥잠화, 파초, 연산홍, 앵두, 모란이 화사하게 맞아준다. 스님들 손으로 심은 꽃나무들이 고색창연한 전각들과 맵시를 이루며 천연덕스럽게 피어 있다. 또 장경각 뒤 전나무숲에는 역시 스님들의 손길로 자란 야생차밭이 있다.

교통
조계산으로 드는 길은 크게 두 갈래이다. 호남고속도로를 타고 주암에서 27번국도로 들어서서 송광사 가는 길과 벌교나 순천에서 선암사로 가는 길이 있다. 순천에서는 30분마다 버스가 있어서 선암사와 낙안읍성을 한꺼번에 돌아볼 수 있다. 일단 송광사나 선암사에 들어가면 여러 갈래의 등산로가 나 있다.

숙식
송광사와 선암사에는 숙소와 식당들이 많다. 순천시내에서도 숙식을 해결할 만한 곳이 많다.

두륜산 가는 길

봄은 언제나 바다를 건너온다. 그런데 참으로 신기하게도 남녘의 봄이 올라오는 속도가 사람의 걸음걸이와 거의 같다고 한다. 가을단풍이 남으로 내려가는 속도도 아마 비슷할 것이다. 그래서 옛사람들은 '봄처녀 가을총각'이라고 하지 않았나 싶다.

이번 생태기행은 우리의 땅끝고을인 해남으로 발걸음을 내딛는다.

두륜산 산머리는 아직 뽀얀 눈을 이고 있지만, 가는 길목엔 봄빛이 완연하다. 버들개지는 개울마다 눈을 떴고, 동백은 나무마다 꽃망울을 터뜨리기 시작했다. 가을은 꼭대기에서부터 시작되지만, 봄은 낮은 데서부터 먼저 임한다.

연둣빛 풍경화 속의 마을을 지나

해남 읍내에서 두륜산 가는 길로 내닫다 보면 왼편으로 낮은 산줄기 아래 봄볕 따사로운 마을들이 어깨를 맞대고 있다. 덕음산 연동마을도 그 연둣빛 풍경화 속의 마을이다.

덕음산은 등산객들조차 찾지 않는, 소문나지 않아 더욱

아름다운 산이다. 월출산-서기산-주작산-두륜산으로 뻗은 산줄기에서 서쪽으로 살금살금 내려와 아담하게 자리잡는 산이다.

큰길에서 내려 마을까지 걸어가는 길에도 봄이 와 있다. 그런데도 사람들은 타고 온 차를 마을 코앞에까지 갖다 댄다. 차를 타고 가면 논둑에 쏙쏙 고개를 내민 쑥도, 묵밭에 소근거리는 냉이도 보지 못한다. 소녀들이 밭둑머리에 앉아 도란도란 정담을 나누며 햇쑥을 캐고 있건만.

마을 어귀로 들어서면 나지막한 둔덕에 키 큰 소나무 몇 그루가 노복처럼 손을 마중 나와 있다. 바다가 가까운 탓인지 모두 곰솔이다. 그 뒤로 500년 된 은행나무가 주인장처럼 문 앞에 나와 섰다. 그리고 푸르른 대숲이 둘러싼 고가 너머로 비자나무 푸른 덕음산이 안방마님처럼 자애롭게 앉아 있다.

연동마을 터줏대감은 「어부사시사」와 「오우가」로 유명한 고산 윤선도이다.

해발 300여 미터의 야트막한 덕음산 기슭의 녹우당. 집 뒤의 비자나무숲 소리가 봄비 내리는 듯하다 하여 녹우당(綠雨堂)이다.

덕음산 기슭에 그의 옛집이자 해남 윤씨 종택인 녹우당이 앉아 있다. 집 뒤의 비자나무숲 소리가 마치 봄비 내리는 듯하다고 해서 녹우당이라는 이름이 붙었다고 한다. 이름만으로도 벌써 봄이 느껴지는 고가이다.

때맞춰 봄을 재촉하는 비가 안개처럼 날린다. 직박구리 몇 마리가 봄비 온다고 난리를 피우며 돌아다닌다. 비설거지를 하는 모양이다.

녹우당의 소담스런 흙담을 끼고 도는 고샅길에 동백이 소리소문도 없이 피어 있다. 옛사람들은 추운 겨울에도 정답게 만날 수 있다고 해서 세한지우(歲寒之友)라고 했다지만, "아주까리 동백아 열지를 마라. 건넛집 숫처녀 다 놀아난다"던 옛노래처럼 봄은 동백이 피어야 비로소 봄이다.

차매화(茶梅花)라고도 불렸던 동백은 우리나라에서는 중부 이남의 바다가 가까운 지역에서만 볼 수 있다. 서쪽으로는 어청도, 동쪽으로는 울릉도, 북쪽으로는 백령도까지 올라와서 핀다. 고창 선운사 것은 4월이나 돼야 핀다고 해서 따로 춘백(春栢)이라 불렸는데, 근래 들어서는 지구온난화 현상으로 내륙의 동백들이 점차 위쪽으로 올라오고 있다.

동백나무는 차나뭇과의 상록교목이지만, 때로는 밑동에서 가지들이 나와서 관목처럼 자라기도 한다. 나무껍질은 회색빛이 감돌고, 가죽처럼 두꺼운 잎은 윤기가 흐른다. 아열대식물의 잎사귀들이 윤기가 나는 것은 강한 햇볕을 반사하기 위함이라고 한다. 때마침 내리는 봄비로 풀빛이 유난히도 깨끗하고 곱다.

동백꽃은 참 맑다. 더러 일찍 눈뜬 몇 송이가 발 아래 떨

담장 너머로 고개 내민 백목련(왼쪽)과 녹우당
흙담가의 동백

어져 있다. 다른 꽃들은 쭈글쭈글 시들어 노추(老醜)를 보이면서 떨어지지만, 동백꽃은 만발했을 때 미련 없이 떨어진다. 마치 젊은 나이에 요절하는 목숨과도 같아서 비감마저 든다. 그래서 떨어진 동백꽃은 발로 밟지 않는다고 하나 보다.

짙푸른 동박새 몇 마리가 호로록 날아들었다. 동박새들은 날아와 동백꽃 꿀을 따먹고 동백꽃을 결혼시켜 주는 것으로 꿀값을 대신한다. 사람은 검은색 마스카라로 눈을 치장하지만, 동박새는 눈가를 흰 테두리로 장식한다. 꽃 속에 들어갈 만큼 덩치가 작아 앙증맞다.

고산 사당 안에 심어놓은 백목련이 막 꽃망울을 터뜨렸다. 가지 하나가 마치 날 봐란듯이 담장 너머로 고개를 내밀었다. 방금 탈바꿈하고 나온 흰나비의 날개만큼이나 꽃잎이 눈부시고 여리다.

덕음산의 자생 춘란과 일엽초

동백 핀 고샅길을 지나면 녹우당의 진산인 덕음산 오르는 길이 나온다. 그 옛날 녹우당의 머슴들이 나무하러 다니던 길이다. 숲을 찾아 길을 만들어가며 산을 오른다. 겉에서 보기에는 어머니 젖무덤같이 나지막한 산이지만, 막상 산에 들고 보면 길이 없다. 마을 뒷산인데도 숲이 우거져 산에 와서도 산을 볼 수가 없다.

비자나무숲을 찾아 이리 기웃 저리 기웃 오르노라면 묵은 낙엽 사이에서 함초롬히 봄비를 맞고 올라오는 자생 춘란을 만난다. 흔히 산란(山蘭)이라고도 하는 춘란은 가정에서도 많이 기르지만, 봄날 호젓하고 외진 산중에서 만나는 느낌은 사뭇 다르다. 벌써 꽃망울을 터뜨린 것도 있다. 산으로 들어와 눈이 아닌 향으로 난을 찾아낸다면 그 사람은 산에 들어와 살아도 좋을 사람이다.

흙에 뿌리를 내리고 사는 난을 지생란, 나무줄기나 바위에 붙어사는 난을 착생란 혹은 기생란이라고 하는데, 보춘화는 지생란이다. 언뜻 보면 잎만 있는 것 같지만, 잎과 뿌리 사이에 타원형 구근과 같은 작은 줄기가 있어서 수분과 양분을 갈무리한다. 이 줄기를 가덩이줄기라고 하는데, 가덩이줄기의 맨 아랫부분에서 해마다 새 가덩이줄기가 나서 포기나눔을 한다. 이를 복경란이라고 하며, 보춘화도 대표적인 복경란이다.

그러나 가덩이줄기의 생장점이 상처를 입으면 곁뿌리가 나지 않아서 포기나눔이 중단되고 만다. 그래서 보춘화를 다룰 때에는 생장점을 건드리지 않도록 신경을 써야 한다. 그렇다고 이 글을 읽고 함부로 올라가서 난을 훔쳐오는 참으로 못난 짓은 하지 말아야 할 것이다.

바위에 촉촉하게 돋아난 일엽초(위). 고란초과의 상록 다년초이며 밤일엽, 일엽, 우단일엽 등의 종류가 있다.
상록 다년초인 자생 춘란(학명은 보춘화)

난과식물의 뿌리는 마치 낙타의 육봉처럼 저수 기능을 가지고 있어서 일반 화초보다 굵은 편이다. 일반 화초는 뿌리가 땅속으로 향하는 향지성인 데 비해 난과식물은 물기 쪽을 향해 자라나는 향습성이 강하다. 또 난과식물은 맑은 공기를 좋아해서 가끔 흙 위로 맑은 공기를 쉬러 올라오는 뿌리들을 볼 수 있다. 하지만 바로 이 점 때문에 난은 비위 맞춰 가꾸기가 어렵다.

덕음산의 봄은 땅속에서 나온다. 이끼들이 봄눈 녹은 물로 목을 축이고 바위에 촉촉하게 돋아났다. 그 이끼들 사이로 일엽초 새싹 몇 포기도 얼굴을 내밀고 있다. 쓰러진 채 봄비를 맞고 있는 고사목의 촉촉한 껍질에도 어린 일엽초는 뿌리를 박고 있다. 저 여린 것이 추운 삼동을 어떻게 견뎌냈을까….

일엽초는 울릉도를 비롯한 영호남의 섬이나 바닷가가 고향이다. 주로 이끼와 함께 바위 표면이나 나무에 붙어서 자라는데, 부여 낙화암 고란사 뒤켠의 절벽에 난 고란초도 일엽초 사촌이다.

봄을 일찍 타는 마삭덩굴이 낙엽 위를 슬금슬금 기어서 바위와 나무를 근질근질 기어오르고 있다. 사스레피나무 꽃향기도 숲이 깊을수록 은은하다.

푸른 솔밭 속에서도 돋보이는 비자나무숲

비자숲은 덕음산의 6부능선쯤에 있다. 길에서 보아 마을 뒷산의 바위가 드러나면 궁핍해진다는 풍수설에 따라 윤씨네가 인공으로 심었다고 전한다.

비자나무. 덕음산 비자나무숲은 천연기념물 제241호로 지정되어 있다. 주목과의 늘푸른큰키나무(常綠喬木)인 비자나무는 키가 약 20 미터이다.

비자숲은 젊은 소나무와 활엽수 사이에서 500년을 버텨 왔다. 비자나무는 겉흙이 깊고 기름진 육산에서는 잘 자라지만, 바위나 자갈이 많은 땅에서는 생육이 좋지 못하다. 그래서 따뜻하고 물기가 비교적 많은 덕음산은 비자나무의 태실과도 같다. 날카롭고 짙푸른 나뭇잎 때문에 푸른 솔밭 속에서도 홀로 독야청청한 자태를 보여준다. 아까 큰길가에 내려서 바라보았을 때도 소나무숲과 확연히 구분되던 비자나무숲이다.

태백산 주목과는 사촌뻘인 비자나무는 제주도와 남쪽 몇 군데에서만 군락을 이루고 있을 뿐 내륙에서는 흔치 않다. 옛날에는 절집에서 즐겨 심어, 고창 선운사와 백양사 주변에도 군락지가 있다. 덕음산 비자나무는, 일본이나 제주도보다 위도가 높아서 외형이 관목을 닮아가고 있다. 골격도 남쪽의 것들보다 훨씬 근육질이며 야성적이고, 가지도 무성하다. 아마 악조건에서 살아남기 위한 자기 몸부림이 아닌가 싶다.

비자나무는 줄기가 평평하게 옆으로 퍼지거나 약간 위를 향해 자라기 때문에 전체적으로는 피라미드꼴에 가깝다. 의외로 부드러워 나무껍질은 나이가 들면 조각조각 일어나기도 한다. 또 더디 자라기 때문에 목질이 단단해서 강도가 높고 금빛 광택이 나는 터라 고급 바둑판이나 가구 등의 재료로 쓰인다. 일제 때 일본인들이 가져가는 귀국선물 제1호가 비자나무 바둑판이었다고 한다. 자기 나라에도 비자나무가 흔하지만, 우리 것에 비할 바 못 된다고 한다.

씨앗이 떨어져 자연발아한 어린 묘목들도 쌓인 낙엽을 들어올리며 여기저기 촘촘히 얼굴을 내밀고 있다. 녹우당 사람들은 비자나무의 열매로 비자강정을 만들어 먹는다. 나는 그걸로 비자술을 담갔는데, 맛이 떫고 써서 술벗들이 그리 즐기지 않는 편이다.

숲이 깊은 두륜산

이제 두륜산으로 내딛는다. 두륜산을 두류산(頭流山)이라고도 하는 것은 백두대간이 흘러 이곳 바다에 이르렀기 때문이다.

얼마 전까지만 해도 대흥사로 더 널리 알려졌던 대둔사

백두대간의 끝자락 두륜산을 짊어지고 서 있는 대둔사 천왕문

는 우리말로 한듬절이라고도 한다. '큰 두메의 절'이라는 뜻이다. 서산대사가 자신의 의발을 이 산속에 전한 것도 그만큼 세속에 오염되지 않았기 때문일 것이다.

매표소를 지나 너부내 계곡 왼편 묵밭머리에는 개나리가 피었고, 들머리 어느 집에는 자목련이 다소곳이 피어 있다. 자목련은 목련 중에서도 개화가 늦어 4월 하순쯤에나 볼 수 있는데, 올해는 봄이 빨라서 일찍 꽃망울을 터뜨렸다.

중국이 원산지인 자목련은 중부 이남에서 자주 볼 수 있다. 주가지가 크게 자라지 않고 해마다 그루터기에서 새 가지들이 힘차게 솟아올라 뭉쳐난다. 잎이 작아서 꽃이 상대적으로 커 보이지만, 다른 목련과 별반 차이는 없다. 꽃색깔이 가지색과 비슷하다 하여 가지목련이라고도 한다.

마을을 벗어나면 숲이 시작된다. 인공으로 조림한 삼나무와 편백이 터널을 이루고 있다. 일제 식민시대에 일본에서 들여와 심었다고 한다. 숲이 하도 울창해서 나무그늘 아래는 식생이 건강하지 못하다. 다만 동백군락만이 시퍼렇게 버티며 꽃망울을 터뜨리고 있다.

유선여관이 있는 두륜산 끝마을 숲에 겨우살이들이 파랗게 올라앉아 있다.

겨우살이는 주로 목피가 두껍고 부드러운 참나무나 오리나무 종류에 뿌리를 박고 살아가는 기생식물이다. 놀랍게도 겨우살이는 본나무가 잎을 떨구고 겨울잠을 자는 동안에도 파랗게 살아 있다. 작은 꽃이 한두 송이 피는데, 아직 꽃은

겨우살이는 길고 단단한 타원 모양의 잎이 Y자형으로 나며 이른봄에 깨알같은 담황색 꽃이 피고 가을에 반투명 둥근 열매가 익는다. 암수가 딴 그루이다.

보이지 않는다. 겨우살이의 줄기와 잎은 약재로도 쓴다.

숲이 있는 곳은 새들이 모이게 마련이다. 숲에 새가 없으면 살아나는 나무가 없을 것이고, 산에 나무가 없으면 새들이 깃들일 곳이 없을 터이다. 아직은 썰렁한 숲 사이로 박새, 직박구리, 쇠딱따구리, 어치 들이 봄을 재촉하고 있다.

숲이 깊은 두륜산

언덕배기 주위로 생강나무가 꽃을 피웠다. 생강나무는 우리나라 곳곳에서 흔하게 볼 수 있는 낙엽소교목이다. 키는 7미터 정도까지 자라지만, 꽃은 코딱지같이 작거니와 피기도 듬성듬성 핀다. 산수유꽃과 비슷하게 생겼으나, 꽃자루가 없는 게 특징이다. 봄꽃이 대개 그렇듯이 잎은 꽃이 진 뒤에야 나온다. 나무껍질을 벗기면 생강 냄새가 난다고 해서 그런 이름이 붙었다. 생강이 흉년이 들면 더러 생강나무 잎을 말려서 양념으로 썼다는 옛날의 기록도 있다.

피안교를 지나 일주문에 이르면 오르막길 좌우에 나무장승이 서 있다. 민속이 절집 안으로 들어온 좋은 예이다. 장승배기를 지나 오른쪽으로 난 길을 따라가면 천연기념물 제173호로 지정된 왕벚나무를 만난다. 그러나 아직 한 달은 더 기다려야 꽃을 볼 수 있을 것이다.

대둔사 천불전 문짝에 수백 송이의 꽃이 피어 있다. 천불전의 꽃창살은 꽃과 잎을 따로 조각해서 하나하나 짜맞춘 것이다.

큰절을 나와서 일지암으로 올라간다. 큰절에서 한참이나 걸어 올라간 곳에 있는 일지암은 근세 다문화의 성지로서

대둔사 천불전의 꽃창살

초의선사가 『동다송』을 저술한 곳으로 유명하다. 추사 김정희가 제주도로 귀양 가는 길에 이곳에 들러 초의와 함께 차를 나누며 시류를 논했던 곳으로도 널리 알려져 있다.

두륜산의 식생은 그렇게 건강한 편이 못 된다. 특히 소나무 식생이 볼품없다. 아니, 소나무가 거의 눈에 띄지 않는다. 10여 년 전까지만 해도 숲을 덮었던 곰솔들이 솔껍질깍지벌레의 몰매를 맞고 죽어버렸기 때문이다. 호랑이 없는 곳에 여우 설치듯 지금은 활엽수가 온 산을 뒤덮었다. 낙엽진 활엽수만 희뿌옇게 덮여 있는 두륜산의 이른봄, 그래서 사람들은 볼 게 없다고 산에 오르기를 꺼려한다.

그러나 그건 너무 심한 표현이다. 상록침엽수가 적어서 그렇지, 서어나무 · 예덕나무 · 사람주나무 · 합다리나무 · 초피나무 · 때죽나무 등속의 난대성 낙엽활엽수종에서부터 소사나무 · 내장단풍 · 개서어나무 · 신갈나무 · 자귀나무 등 온대활엽수에 이르기까지, 두륜산의 식생은 다채롭다. 그래서 옛사람들은 두륜산 고을이름을 구림리(九林里)라고 지었다. 그만큼 숲이 깊다는 뜻이다.

오르막 길섶에 조릿대와 야생차나무가 눈에 띈다. 사스레피나무도 작은 꽃들을 피워놓고는 수줍어하고 있다.

일지암에 와서는 유천의 물맛을 보고 가야 한다. 이 물은 뒷숲에서 나와 대나무 대롱을 타고 세 개의 돌그릇에 차례로 담겨져 흐르는데, 물맛이 그만이다. 예부터 다인들은 물에 품위를 주어 그 질의 우열을 가렸다 한다. 이를 품천이라 하는데, 여덟 가지 기준이 있다. 차고 맑고 가볍고 부드럽고 아름다워야 하며, 또 냄새가 없고 마셔서 뒤탈이 없고

사스레피나무

비위에 맞아야 한다. 물론 급히 흐르는 물과 고여 있는 물
은 차를 끓이는 데 부적합하여 하품으로 친다.

　　물은 엇갈려 돌고 차 겨루기 즐거우니
　　녹향 한길에 가득하여 종일 돌아가기 잊었네
　　水交以淡 茗戰而肥　　綠香滿路 永日忘歸

　차맛 은은한 초의선사의 다송 한 수를 읊으며 산을 내려
온다.

교통
서울·부산·광주에서 해남행 직행버스가 있다. 읍내에서 두륜산 가는 버스가
30분마다 있다. 가는 길목에 연동마을이 있다.

숙식
전원장(061-534-2700), 보은장(533-5500) 등 해남읍내와 두륜산 자락에 장
급 여관이 많다. 천일식당 (536-4001) 등 가까운 곳에 식당도 여러 곳 있다.

기타
고산유적관리사무소(533-4445), 해남군청(532-8942), 해남문화원(533-5345)
에 문의하면 안내를 받을 수 있다. 덕음산에 입산할 때는 사무소에 양해를 구
해야 한다. 식물채집 등은 일절 허락되지 않는다. 가까운 곳의 문화유산으로는
대둔사, 우수영국민관광지, 현산면 초호리 윤탁 고가가 있다.

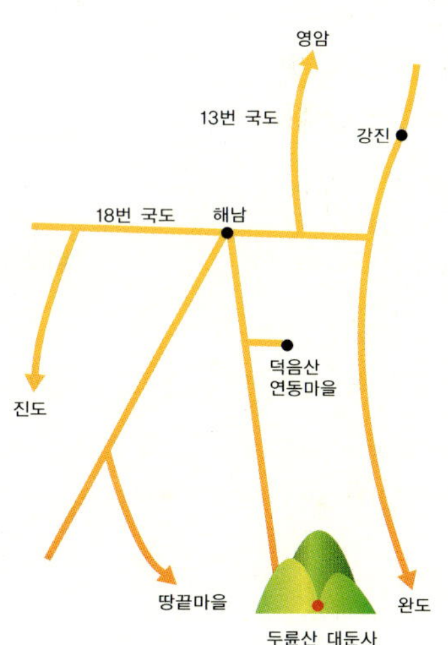

성산포의 봄

남녘의 섬 제주도로 떠난다. 굳이 제주도 성산포를 택한 것은 내륙보다 봄이 빠른 곳이기도 하지만, 누구나 한 번쯤은 가보았거나 들어본 친숙한 이름 때문이다. 또 제주도 성산 하면 거의가 일출봉부터 떠올린다. 밀레니엄 첫 일출을 보기 위해 지난 연초에도 수많은 관광객들이 발 디딜 틈 없이 올랐던 곳이다.

그러나 정작 성산의 자연에 대해 사랑의 눈으로 돌아본 이는 그리 많지 않을 것이다. 그저 올라가서 야호! 한 번 외치고 기념사진이나 찍고 오는 게 고작이었을 것이다.

친숙한 만큼 자연사랑 눈길이 아쉬운 성산
성산은 제주도 내 여기저기 흩어져 있는 360여 개의 기생화산 중 하나이다. 지질학자들에 따르면, 성산은 제주도가 생기기 전에 바닷속에서 분출하여 섬이 되었다. 그러기에 다른 기생화산과는 출신부터 다르다. 이런 해중폭발 화산이 제주도에는 여남은 개밖에 안 된다.

물이 없는 지표면에서 터져오른 여느 화산은 구멍이 뻥

뿅 뚫린 현무암을 만들어내지만, 바닷속에서 솟은 성산은
화산재로 이루어진 응회암이 대부분이다.

성산은 동·남·북 삼면이 절벽으로 되어 있고, 서쪽은
유연한 능선을 만들며 육지와 이어져 있다. 그래서 위에서
내려다보면 분명한 육지이다. 그러나 본래부터 육지와 연
결되어 있었던 것은 아니고, 육지 쪽에서 모래톱이 발달해
오면서 1만 년 전에 성산과 이어진 것이다.

정상에는 아담한 분화구가 마치 올림픽 주경기장처럼 자
리하고 있고, 푸른 초지로 뒤덮인 그 가장자리에는 크고 작
은 바위가 열병하는 장병들처럼 서 있다. 그래서 멀리서 보
면 왕관을 연상케 한다. 이를 '분화구벽'이라고 한다.

천하의 큰 구경거리 수선화

절벽과 얕은 토양층 때문에 성산의 식생은 빈약한 편이지
만, 자연을 사랑하는 이들이라면 제주도 전역에 자생하는
수선화를 비롯하여 바닷가에서나 볼 수 있는 동백·왕해

바닷속에서 분출한 거대한 용암덩어리인 성산
일출봉(왼쪽)
성산 정상의 분화구. 해발 178미터의 정상에
깊이 100미터, 지름 600미터의 3만 평 남짓
한 분화구가 있다.

국·갯머위·갯쑥부쟁이·콩짜개난·부처손 군락을 쉽게 발견할 수 있을 것이다.

콩짜개난(위)과 왕해국(가운데), 부처손(아래)

제주 수선화는 천하의 큰 구경거리다. 정월 그믐부터 피어나 삼월에 이르러서는 산과 들, 논밭둑 할 것 없이 일망무제로 핀다. 마치 희게 펴진 구름 같고, 새로 내린 봄눈 같다.

너무 흔해서 사람들이 천하게 여겨 함부로 베어 쇠풀과 말꼴로 먹인다. 그래도 다시 돋아나므로 초동과 농부들은 수선화를 원수처럼 여긴다.

추사 김정희가 제주에서 유배생활을 할 때 친구에게 보낸 편지의 한 구절이다. 당시 선비들은 우리나라에는 수선화가 없는 줄 알고 중국에서 돌아올 때면 중국 수선을 값비싸게 사와서 완상했다.

성산의 수선화는 산기슭 중간쯤에 무리지어 피어 있다. 아는 게 없으면 눈에 뵈는 게 없는 법. 수선화가 날 봐란듯이 여기저기 화사하게 피었건만, 사람들은 거들떠보지도 않고 잡담이나 하고 오르내릴 뿐이다.

제주 수선은 겨울이 시작되면서 한두 송이씩 피다가 2월경이면 따뜻한 해안지역부터 본격적으로 핀다. 주로 양지바른 길가나 담 아래 피는 제주 수선은 꽃도 아름답지만 은은한 암향이 그만이다. 그러나 도로 포장과 확장 공사로 수난을 당해서 지금은 옛날만큼 흔하지 않다.

수선화의 뿌리는 양파 같은 알뿌리이다. 겨우내 땅속에

서 뿌리를 내리고 싹을 틔우고 있다가 얼음이 녹을 때쯤이면 흙을 헤집고 솟는다. 그래서 옛사람들은 설중화(雪中花)라 해서 수반에 담아 창가에 두고 그 향을 즐겼다. 도심의 꽃집에서 흔히 보는, 꽃대 하나에 한 송이씩 샛노랗게 피는 큰 수선화는 우리 꽃이 아니고 유럽 원산의 원예품종이다.

수선화과의 여러해살이 알뿌리풀 제주 수선(*Narcissus tazetta var.* chinensis)은 겹수선이다. 수선화는 약 40종이 있으며 주로 아시아, 지중해 연안, 중부유럽에 분포한다.

성산 일출봉에서 북동쪽으로 건너다보이는 섬이 우도이다. 우도는 제주도에 딸린 섬 가운데 가장 크다. 소가 누워 있는 모양이라고 해서 쇠섬이라고도 부른다.

우도로 건너가는 선착장은 성산포구에 있다. 일출봉 매표소에서 걸어서 10분 거리다. 거기서 한 시간마다 한 대씩 있는 카페리를 타면 불과 15분.

옛 전설에 따르면 우도는 본래 제주도와 붙은 땅이었다고 한다. 이곳에 설문대할망이라는 거인 할머니가 살고 있었는데, 우도의 식산봉과 성산 일출봉을 딛고 앉아 오줌을 누었다. 그 오줌줄기가 어찌나 세던지 땅이 뚝 떨어져 나가 섬이 되었는데 그 섬이 바로 우도이다. 오줌이 바다로 흘러 들어간 목은 지금도 여울이 져서 이따금 조난사고가 일어나곤 한다.

썰물 때 물이 빠지고 나면, 우도의 해변에 파래가 파랗게 올라온다. 파래는 철새들이 즐겨 먹는 먹잇감이다.

우도의 명승인 광대코지에는 동굴이 뚫려 있다. 파도의 오랜 해식활동으로 생긴 동굴이다. 그 동굴 안으로 바닷물이 드나드는데, 한낮이면 햇빛이 수면에 반사되어 동굴 천장을 화사하게 비춘다. 이 장관을 이곳 사람들은 '달그리

안'이라고 한다.

눈부신 산호 백사장 서빈백사도 이곳의 볼 거리이다. 현무암이 깨져서 된 까만 모래가 깔린 검멀리 해변도 빼놓을 수 없다.

길가에는 유채, 바다에는 테우

다시 성산으로 건너와 신양으로 가다 보면 도로변에 유채가 만발하다.

고려 때 중국에서 처음 건너왔다는 유채는 햇볕을 좋아해서 따뜻한 지방에 많이 심었다. 잎은 채소로, 씨앗은 약재와 식용유로, 깻묵은 비료로 쓰이고 있어서 버릴 것이 없는 식물이다.

척박한 토질에서도 잘 자라는 유채는 한동안 이곳 사람들의 수입원이었으나, 수익성이 떨어지면서 심는 사람이 점차 줄어들었다.

중요한 관광자원이기도 했던 유채가 사라지자 당국에서

썰물 때면 우도 해변에 철새들이 즐겨 먹는 파래가 파랗게 올라온다.

발벗고 나서서 요즘은 목 좋은 곳에 사계절 내내 유채꽃을
피우고 있다. 그렇게 해서 찾아오는 관광객들에게 돈을 받
는다. 입장료가 아니라 유채꽃을 배경으로 사진을 찍는 데
드는 이용료라고나 할까.

일출봉이 건너다 보이는 신양 바다에 테우 한 척이 한가
롭게 떠 있다. 뗏목으로 만든 작은 배이다. 말하자면 뗏목
배이다. 이곳에서는 더러 '떼배'라고도 하는 이 테우를 타
고 자리를 잡는다.

자리는 돔의 일종인 자리돔을 가리키는데 색깔이 검고
크기가 손바닥만하며 붕어처럼 생겼다. 자리는 낚시로도
잡지만, 예전에는 테우를 타고 지름이 2미터 남짓한 둥근
그물 아래 추를 단 덕자리를 이용해서 잡았다. 덕자리를 긴
막대기에 달아서 바닷속에 가라앉혔다가 자리돔이 그물 위
로 모여들면 건져올리는 원시적인 고기잡이였다.

신양 바닷가 끝간 곳에 경관이 뛰어난 섭지코지가 있다.
땅이 바다로 삐죽이 튀어나온 곳〔岬〕을 코지라고 하는데,

십자화과의 두해살이풀 유채(왼쪽)는 중앙아
시아 지방이 원산지이다. 잎은 잎대로 씨앗은
씨앗대로 요긴하게 쓰여 제주사람들의 주요
수입원이었으며 지금도 관광자원으로 한몫
한다.
돛이 따로 없이 노를 저어 움직이는 테우(오
른쪽)

이곳 지질은 '송이'라는 붉은 용암으로 되어 있어서 눈맛이 여느 바닷가 풍경과는 완연히 다르다.

섭지코지 남쪽에 있는 연혼포(緣婚浦, 일명 황루알)는 먼 옛날 벽랑국에서 보낸 나무상자가 떠내려온 곳으로 전해지고 있다. 이 나무상자를 타고 온 벽랑국의 세 공주는 나중에 제주의 삼성(三姓) 신인들과 결혼하여 후손을 낳았다고 한다.

혼인지(婚姻池)는 이들 세 쌍이 혼인했다는 전설 속의 연못이다.

흔히들 제주도는 습지가 없는 걸로 알고 있다. 그도 그럴 것이 구멍이 뿡뿡 뚫린 현무암이 깔려 있어서 빗물이나 지하수가 고이지 않는다는 것이다. 그러나 천만의 말씀이다. 비록 해발 500미터 이하에 집중되어 있기는 하지만, 제주도에는 기생화산인 오름을 중심으로 크고 작은 습지가 셀 수 없이 많다. 혼인지도 그중 하나이다.

토박이 사람들은 이 혼인지를 '흰죽'이라고 부른다. 또 이곳 사람들은 상수도 시설이 들어오기 전까지 이 습지의 물을 마시고 살았다. 관광객들의 발걸음이 잦아지면서 예전보다 동·식물상이 빈약해지기는 했지만, 화산섬인 제주도에도 다양한 습지가 있음을 보여주는 좋은 예이다.

선수종인 버드나무와 팽나무·구실잣밤나무가 울타리처럼 둘러쳐져 있고, 안쪽으로는 세모고랭이·마디풀·소리쟁이·골풀·택사·피막이·참방동사니에서부터 애기마름·붕어마름·가래 같은 습지식물이 자라고 있다. 참개구리·살모사·소금쟁이 따위도 눈에 띈다.

혼인지말고도 성산 주변에는 한못, 펄못, 갈매못, 다래물, 고타리물, 이전물 등의 습지가 흩어져 있다. 오조리와 시흥리 바닷가에 접한 광활한 갈대밭 습지도 호기심을 끄는 곳이다.

제주환경운동연합에서 내놓은 1998년 보고서에 따르면, 조천·구좌·성산 지역에만도 습지가 30곳이 넘는다고 한다.

성산의 겨울철새들

성산 쪽으로 다시 발길을 돌리면, 성산포구 바위섬에 텃새인 괭이갈매기와 겨울철새인 재갈매기가 사이좋게 앉아 있다.

일반인들에게 널리 알려지지는 않았지만, 이곳 제주에도 겨울이면 곳곳에 철새들이 찾아온다. 특히 성산 주변은 탐조인들이 즐겨 찾는 철새도래지이다. 철새들이 굳이 바다를 건너 이곳까지 내려와 겨울을 나는 까닭은, 날씨가 따뜻하여 물이 얼지 않고 환경오염이 덜하며 수초와 해초 같은 먹이가 풍부하고 또 민물과 바닷물이 함께 있기 때문이다.

성산 주변의 습지와 바다에서 관찰되는 새는 50여 종의 1만 마리를 훨씬 웃돈다. 청둥오리, 홍머리오리, 알락오리, 흰죽지, 바다비오리, 논병아리, 흰줄박이오리, 물닭 같은 오리류가 주를 이루지만 나그네새인 깝짝도요, 알락고리마도요, 쇠청다리마도요도 남쪽으로 내려가지 않고 아예 이곳에서 겨울을 난다.

초심자들이 쉽게 알아볼 수 있는 민물도요, 댕기물떼새, 꼬마물떼새, 백할미새, 방울새, 밭종다리를 비롯하여 기러

바위에 앉아 깃털을 말리고 있는 가마우지

기, 흑로, 백로, 왜가리 들도 있다. 때를 잘 만나면, 매처럼 허공에서 쏜살같이 내려와 물고기를 사냥하는 물수리, 작은 새와 설치류를 먹잇감으로 하는 황조롱이, 부리가 주걱처럼 생긴 저어새도 관찰할 수 있다.

겨울철새는 대개 월동만 하고 떠나기 때문에 따로 둥지를 틀지 않는다. 그리고 이곳의 철새들은 먹이가 풍부한 탓에 멀리 가지도 않는다. 기껏해야 반경 1킬로 안팎이다.

일출이 빠르다 보니 성산포 새들은 다른 곳의 새들보다 일찍 잠을 깬다. 동녘이 붉기도 전에 깨어나 왁자지껄 떠들어대면서, 물로 깃털을 씻고 세수를 한다. 개중에도 비오리와 논병아리가 가장 부지런해서 맨 먼저 수초를 건져올린다. 잠수를 못하는 오리류는 그 주위를 빙빙 돌며 이따금 불로소득을 챙긴다.

성산에서 세화까지 나 있는 10킬로 남짓한 해안도로는 운치와 낭만이 깃들인 바닷길이다. 간혹 바위섬에서 햇볕에 깃털을 말리고 있는 가마우지들도 만난다.

언젠가 성산이 보이는 하도리 바닷가에서 황금머리할미새가 카메라에 잡혀 관심을 끈 적이 있다. 황금빛 몸통과 흰색과 회색이 적당히 섞인 화려한 날갯깃으로 장식한 이 새의 고향은 시베리아. 국내에서는 첫 발견이었다. 일본 조류도감에도 '길 잃은 철새'로 소개되어 있을 정도로 희귀한 종이다.

특유의 자연은 아름다운 우리말을 빚어내고

말미오름[斗山峰] 아래쪽으로는 넓은 갈대밭이 자리하고 있다.

오조리와 하도리를 이어주는 이 갈대밭에는 샘솟는 웅덩이(새통물, 논물)가 숨겨져 있어서 갈대밭을 늘 흥건히 적셔준다. 생태계의 숨통 같은 그 웅덩이가 이곳의 다양한 습지 생태계를 지켜주고 있다.

물가에는 부들, 줄, 세모고랭이 등 습지식물이 깔려 있어 흰뺨검둥오리와 논병아리에게는 더없는 침실 같은 곳이다.

뿐만 아니라 맹꽁이 같은 양서류, 물달팽이와 우렁이 같은 무척추동물, 붕어 등 어류가 모두 이 갈대밭 습지의 가족들이다. 하지만 해안도로가 나면서 갈대밭 습지가 바닷가 조간대와 단절된데다가 주택가의 생활하수까지 유입되고 있어서 습지의 명줄이 언제까지 이어질지 안타깝기만 하다. 종달리 쪽의 개갓물 습지에는 제주도에서 희귀한 연꽃도 자생하고 있건만.

해안도로를 따라가다 보면 오름치고는 꽤나 높은 자미봉(165)이 솟아 있다.

제주도에서는 산을 '미'라고 한다. 누운미[臥山], 물미[水山], 난미[蘭山] 등. '뫼'에서 변한 말일 것이다. 또 '오름'이라고도 하는데, 이는 기생화산의 산봉우리를 가리키는 말이다. 몇 군데 예외는 있지만, '불래오름' '대왕오름' '돌오름' '개오름' '성널오름'… 대개가 그렇다. 참 고운 말들이다. 물론 '봉(峰)'이라는 어미가 붙는 산이름도 있다. 이곳 자미봉이 그 한 예이다.

자미봉 기슭에 산담무덤 몇 기가 흩어져 있다. 이곳뿐만 아니라, 제주도에서는 도심을 벗어나 차를 타고 한적한 시골을 달리면 차창 밖으로 밭 한가운데나 집 가까운 언덕배기에 흩어져 있는 무덤들을 쉽게 볼 수 있다.

제주도 무덤은 대개 돌각담이 둘러쳐져 있는데, 이것을 '산담무덤'이라고 한다. 들불이 번지거나 짐승이 드나드는 것을 막기 위해서 돌담을 친 것이다. 또 언덕배기에 밭을 일굴 때 함부로 들어와 훼손하지 말라는 '성역(聖域)'의 뜻도 담겨 있다.

제주도에는 돌이 많다. 그래서 '돌' 자가 들어간 지명이 유별나게 많다. 돌왓(돌밭), 돌터리, 돌석이, 돌혹, 돌구릉, 돌오름, 돌고비, 돌깐이, 목돌개, 돌레왓, 돌캐, 돌뿌지, 돌다릿캐, 돌코지, 돌팽이, 돌쌩이터, 돌가름… 물론 제주도 특유의 자연이 만들어준 아름다운 우리말이다.

자미봉을 돌아가면 길가에 난도(蘭島)라고 씌어진 큼지막한 팻말이 서 있고, 그 길에서 바라보면 바로 지척의 눈

아시아 열대지방에 주로 분포하는 수선화과 여러해살이식물 문주란(왼쪽).
문주란의 자생지 난도. 1천평도 안되는 작은 섬이지만 문주란과 함께 천연기념물 제19호로 지정되어 있다.

앞에 손바닥만한 바위섬이 떠 있다.

이곳 사람들은 귀엽고 앙증맞은 섬이라는 뜻으로 토끼섬이라 부른다. 해안에서 불과 100여 미터, 썰물 때가 되면 바지를 둥둥 걷고 건너갈 수 있는 거리다. 한 뼘 모래밭과 두 뼘 용암으로 이루어진 작은 이 섬이 그 유명한 문주란 자생지인 난도이다. 문주란 자생지 중에서 가장 북쪽에 자리한 곳이다.

날씨가 따뜻해서 겨울에도 문주란은 파랗게 살아 있다. 한때 몰지각한 사람들이 이곳 문주란을 싸그리 캐가는 바람에 멸종 직전에까지 이르렀으나, 요즘 들어 되살아나기 시작한 것이다. 문주란은 이름과 달리 난과가 아니고 수선화과에 속한다. 이곳 문주란은 씨앗이 파도를 타고 흘러와 뿌리를 내린 것으로 전해지고 있다.

문주란은 초여름부터 꽃을 피우기 시작하여 섬을 온통 눈처럼 하얗게 덮는다. 아니, 마치 떼신부들이 섬으로 야유회 나온 모습을 연출한다. "…누가 여기서 숨어 살라 했나/누구를 위해 옷을 벗고/누구를 위해 춤을 추려는가/보는 이 없으면 그것도 서러워/눈물지을 것 같은"(이생진의 시) 문주란이다.

거기서 세화에 이르는 바닷가에는 자생 선인장이 듬성듬성 나 있다. 그리고 바닷가 쪽으로는 손바닥만한 모래밭이 군데군데 자리하고 있다.

제주도의 모래는 흰색과 검은색으로 나뉜다. 성산 주변의 모래밭은 조개껍데기가 부서져서 된 패사(貝沙)가 많아서 흰빛을 띠지만, 서귀포에서 송악에 이르는 남부지역 해

안에서는 검은 모래밭이 많이 눈에 띈다. 검은 모래는 용암
의 쇄설물이 부서져서 된 것이다.

말테우리의 제주마

세화 못미처 하도리가 있다. 이 마을에는 3대째 제주마를 부
리는 말테우리 고태오 노인이 살고 있다. 그의 목장은 인적
끊어진 상도리에 있다. 10만 평의 드넓은 방목장에는 키 작
은 관목, 칡, 찔레, 억새, 잔디가 한데 어울려 있다. 제주도에
는 관광목장이 곳곳에 있지만, 그의 목장은 말을 방목하고
새끼를 치는 그리고 망아지를 길들이는 순수 방목장이다.

고 노인의 목장은 말에게 건초나 사료를 따로 주지 않는
완전 방목장이다. 기후가 따뜻하여 겨울에도 말이 뜯어먹
을 수 있는 풀이 언제나 파릇파릇하기 때문이다. 그는 하루
에 한차례 목장에 나와 말들이 잘 있는지 확인하고 돌아간
다. 여름에는 말들이 더위를 식힐 만한 숲이 없기 때문에
거기서 10킬로나 떨어진 해발 382미터의 월랑산 수풀 속으
로 말을 이동시킨다. 그러다가 날씨가 써늘해지는 늦가을
쯤에 다시 말을 데리고 내려온다. 말 그대로 방목이다.

제주도의 신비로운 자연생태가 그렇듯이 이곳의 방목문
화도 결국은 화산과 기후가 만들어낸 풍토문화이다.

흔히 제주 토종말을 조랑말이라고 부르지만, 정식 이름
은 제주마(濟州馬)이다.

제주대 축산문제연구소에서 나온 보고서에 따르면, 석기
시대부터 제주도 재래마가 있었다고 한다. 그러나 지금 제
주마는 순수한 혈통이라고 보기 어렵다. 1273년 원나라의

천연기념물 제347호 제주마. 앞이 낮고 뒤가 높은 저방형이며 체구는 중간 크기이고 길쭉하다.

침략과 함께 들어온 수많은 몽고말들이 원나라의 멸망과 함께 야생마로 뛰쳐나가 제주마와 교잡했기 때문이다. 불과 50년 전만 해도 한라산 기슭에서 야생마를 쉽게 볼 수 있었다고 한다.

제주마는 개량마보다 눈에 띄게 작고 혈청유전학적으로도 차이가 난다. 몸의 크기에 비해 폭이 좁고 지장릉이 커서 수레를 끄는 데 적합하다. 한때 2만여 두에 달하였으나, 지금은 많이 줄었다고 한다.

4·3때가 가장 힘들었수다. 산에다 풀어놓으면 좌익들이 잡아먹고, 목장으로 내려오면 우익들이 잡아먹고…. 그때 자칫했으면 씨 말릴 뻔했수다.

고 노인의 쓸쓸한 회고담을 뒤로하고 비자림으로 떠난다. 생태기행이라면 세화까지 왔다가 비자림을 외면하고 갈 수는 없다. 세화에서 비자림까지는 불과 10분 거리이다.

제주 노거수 비자나무의 잎

　2천여 그루의 비자나무가 들어차 있는 비자림은 세계에서 가장 규모가 큰 군락지로 알려져 있다. 더욱이 이곳의 비자나무는 모두가 수령이 300년 남짓한 노거수여서 가치가 매우 높다.

　비자나무는 목질이 단단하여 고급가구 만드는 데 썼으며 열매는 약재로 사용되었다. 조선시대 『경국대전』을 보면, 관리인을 정하여 해마다 비자나무의 수량을 조정에 보고하도록 했다는 내용이 나와 있다. 비자열매 역시 과세의 대상에 오를 정도로 인기가 높았다고 한다. 지금도 나무마다 이름표처럼 표딱지를 달아놓고 관리하고 있다.

　비자림에는 비자나무 외에도 팽나무, 비목, 덧나무, 자귀나무, 때죽나무, 서어나무, 느티나무, 작살나무, 국수나무, 인동, 송악, 마삭덩굴 들이 어울렁더울렁 함께 자라고 있다.

교통
제주도를 훑어보는 데는 택시를 전세 내거나 렌터카를 이용하는 것이 가장 편하다. 섬이긴 하지만, 대중교통도 그리 불편하지는 않다. 제주 버스터미널에서 10분마다 성산 가는 버스가 있다. 버스를 이용할 때는 미리 도로망을 알고 가면 편하다. 12번도로는 제주에서 출발하여 섬을 일주하고, 99번 신비의 도로는 제주와 서귀포를 잇는다. 1113번과 1111번 산업도로는 섬을 남북으로 관통한다

숙식
성산읍에는 미리 예약을 하지 않아도 될 정도로 장급여관과 식당이 즐비하다.

기타
환경운동을 하는 '푸른이어도사람들'(064-759-2162)이 많은 자료들을 갖고 있다. 말테우리 고태오 씨(783-2831), 성산 일출봉관리사무소(784-0959)에서도 도움을 받을 수 있다.

제주 남서부

먼 옛날, 설문대할망이 하늘에 걸터앉아 한라산을 빨랫돌 삼아서 빨래를 하고 있었다. 그러던 어느 날 한눈을 팔다가 빨랫방망이를 잘못 두들겨 그만 한라산 봉우리를 내려치고 말았다. 그 바람에 봉우리 하나가 뚝 떨어져 나갔는데, 봉우리는 한라산 기슭을 떼굴떼굴 굴러 바닷가에 이르러 멈추었다. 그 봉우리가 지금의 산방산이 되었다고 한다.

언젠가 『뉴스위크』가 제주도를 '신들의 섬'이라고 소개한 적도 있거니와 특히 제주도의 아름답고 신비한 자연은 제주 신들의 대모 격인 설문대할망의 피조물이다. 설문대할망이 빚은 산방산은 제주도 남서부 지역의 상징적인 산이다.

이번 기행은 이 산방산을 중심으로 바닷가를 따라 중문-화순-산방산-송악-마라도를 돌아보기로 하고 짐을 챙긴다.

지삿개의 주상절리

자연과학 측면에서 보면, 제주도는 화산폭발과 함께 단번에 이루어진 섬이 아니다. 학자들은 다섯 단계를 거쳐서 오

야자나뭇과 상록교목인 종려나무는 키가 5~7 미터이고 줄기는 종려껍질에 둘러싸여 있다. 줄기 끝에서 모여나는 뻣뻣한 잎은 손바닥 모양으로 갈라져 있으며 꼭지 쪽에 종려모(棕櫚毛)가 수북이 나 있다.

늘의 모습을 갖춘 것으로 보고 있다.

제주도의 자연사는 120만 년 전으로 거슬러 올라간다. 기반 형성기를 거치면 제2기인 용암대지 형성기가 찾아오고, 제3기에 화산폭발과 함께 한라산이 생기며, 제4기에 이르면 곳곳에서 용암이 분출하여 기생화산들이 대거 형성된다. 그런 다음 10만 년 전인 제5기에 모든 화산활동이 중단되면서 화구였던 백록담도 굳어지고, 섬은 지금과 같은 형태를 갖춘다. 이 연표에 따르면, 서귀포와 산방산을 잇는 지역은 제2기 때 형성되었다.

서귀포와 중문은 제주관광 1번지이다. 수려한 해안경관, 장쾌한 폭포, 질 좋은 감귤 그리고 식물원을 비롯한 다양한 휴양시설이 자리하고 있지만, 너무 분잡스럽고 인위적이라서 자연생태를 주제로 탐방할 곳은 못 된다. 그러나 지삿개 바닷가의 주상절리는 한 번쯤 돌아볼 만하다.

제주도의 남서쪽 해안은 낭떠러지〔海蝕斷崖〕로 이루어진 곳이 많다. 오랜 세월에 걸쳐 파도가 용암해안을 깎아먹어서 생긴 것이다. 이 지역의 천지연폭포나 정방폭포, 천제연폭포 모두 그 낭떠러지에 걸쳐져 있다.

특히 지삿개라고 불리는 중문 대포동 해안의 주상절리(柱狀節理)는 장관을 이룬다. 주상절리란 글자 그대로 육각기둥을 세워놓은 것 같은 높은 절벽이다. 해식작용과 지층작용으로 용암지반이 부분적으로 내려앉거나 깎여서 생긴 것이다. 지삿개 바닷가는 천길 허공에 아스라이 솟은 이러한 육각의 주상절리가 1킬로나 이어져 있다.

서귀포와 중문의 거리 곳곳에는 종려나무들이 키 큰 병

한라산을 배경으로 한 삼나무숲

사들마냥 우뚝하니 사열해 있다. 대개는 식재한 것들이지만, 서귀포-중문-산방산-대정-협재를 잇는 바다기슭에는 자생 종려나무도 적지 않게 눈에 띈다.

종려나무는 제주도 자생식물 가운데 남국의 이미지를 가장 잘 대변해 주는 나무이다. 중문을 처음 찾는 이들은 관광단지에 가로수로 울창하게 서 있는 종려나무를 조경용으로 외국에서 들여온 줄 알지만, 원래부터 제주도 남쪽 해변에 자생하던 것들이다. 일본과 중국이 원산지인 종려나무가 제주도에 뿌리 내린 것은 종자가 파도에 밀려 바다 건너왔기 때문이라고 학자들은 말한다.

종려나무는 따뜻한 지방의 나무답게 둥근 기둥 같은 줄기가 높게 자란다. 봄이면 잎의 아귀에서 작은 꽃이 피었다가 꽃이 질 때쯤이면 둥근 액과(液果)의 열매가 까맣게 익는다.

중문에서 안덕 화순으로 가다 보면 차창 밖으로 지나가는 삼나무숲을 자주 만난다. 제주도에서는 쑥대나무로 통하는 삼나무는 일제시대 때부터 조금씩 들어오다가 70년대에 삼림녹화를 위해 일본에서 왕창 들여온 외래종이다. 외래종이긴 하지만, 목장의 울타리나 방풍림으로는 그런 대로 잘 어울리고 가로수로도 밉지는 않다. 흰 눈을 모자처럼 눌러쓴 한라산이 삼나무숲 뒤로 그림 좋게 자리하고 있다.

중문을 지나면 창고천(倉庫川)을 만난다. 해발 439미터인 돌오름에서 발원한 창고천은 20킬로를 흘러 중문과 안덕의 경계를 이루며 바다(동중국해)로 접어든다.

제주도는 절리와 균열이 많은 화산암으로 이루어진데다가 표토가 얕아서 큰 하천이나 계곡이 별로 없다. 이처럼 마른내[乾川]가 대부분인 제주도에서 창고천은 몇 손가락 안에 드는 물 좋은 시내이다.

안덕계곡은 창고천 하류에 있어서 창천계곡이라고도 하는데, 계곡 주변은 전형적인 조면암 지대이다. 계곡은 양쪽으로 수려한 협곡을 거느리고 있으며, 바닥에는 암반과 자갈이 깔려 있다. 계곡을 온통 뒤덮고 있는 소문난 난대림 덕분에 이곳은 천연보호 지역으로 지정되어 있다. 희귀식물인 담팔수와 동백나무, 구실잣밤나무, 종가시나무, 생달나무, 후박나무, 참식나무 등 난대수목이 낮에도 컴컴할 정도로 우거져 있고 각종 양치류가 탐방객의 발걸음을 묶어 놓는다.

제주도에서 수선화가 가장 많은 지역으로 이름난 안덕과 대정의 도로변에는 수선화꽃이 뽀얗게 무리지어 피어 있다. 그러나 도로공사로 곳곳이 파헤쳐져서 예전 같지는 않다. 흔하면 푸대접을 받게 마련이다.

이 아름다움이 개발의 등쌀에 시달려야 하니

안덕계곡을 나오면 저만치에 산방산이 우뚝하다. 중절모자를 엎어놓은 듯한 산방산은 평지 바닷가에 우뚝 솟은 거대한 바윗덩어리다. 멀리서 보면 마치 이끼와 난을 붙인 거대한 수석 같다.

화산은 지질에 따라서 형태와 구조를 달리하는데, 현무암은 찰기[粘性]가 약해서 용암평원을 이루고 조면암은 점성이 강해서 원추형 종상화산을 만든다. 그래서 종상화산은 분화구가 없다.

대표적인 종상화산인 산방산 꼭대기에는 당연히 분화구가 없다. 그래서 설문대할망 전설에서 보듯이, 사람들은 산방산이 한라산 폭발 때 떨어져 나온 거대한 용암덩어리라고 믿고 있다. 하지만 산방산도 엄연한 화산이다. 그것도 한라산보다 훨씬 앞선 제2기에 형성된 화산이다.

제주도의 대표적인 종상화산인 해발 395미터의 산방산

풍란

산방산은 종상이기 때문에 경사가 급한데, 특히 남쪽은 더 심해서 식생이 빈약하다. 그러나 깎아지른 절벽 곳곳에 풍란, 지네발란, 석곡이 자라고 섬회양목도 버짐처럼 군데군데 군락을 이루며 자생하고 있다. 8부능선 위로는 후박나무며 까마귀쪽나무, 참식나무, 조록나무, 동백, 육박나무, 생달나무가 마치 상고머리 모양으로 난대수림을 이루고 있다.

남쪽 절벽에는 예부터 수도자들의 기도장소로 전해져 오던 산방굴(10미터)이 뚫려 있다. 그러나 숭유배불의 조선조에 들어와 산방굴은 양반들의 놀이터로 바뀌었던 것 같다. 산방굴에서 양반들이 기생을 데리고 주연을 베푸는 장면을 그린 이형상의 〈탐라순력도〉가 이 같은 짐작을 뒷받침해준다.

그 산방산의 한쪽 기슭이 바닷가로 쭈욱 내려가 용머리해안을 만든다. 하멜표류 기념비를 비켜 해안으로 내려가면 층층의 기암절벽이 파도에 씻겨 기기묘묘한 모습을 이루고 있다.

이곳의 기암절벽들은 아까 지삿개 해안에서 본 검은 현무암이 아니라 대개가 퇴적작용으로 이루어진 사암이다. 사암층에는 더러 굵은 모래나 자갈도 층층이 섞여 있는데, 이것은 제주도에 화산작용이 있기 훨씬 전에 강이 흐르면서 모래나 자갈을 상류로부터 실어내 쌓은 흔적이다. 그 퇴적의 층들은 마치 책들을 얹어놓은 듯 차곡차곡 쌓여 있다. 이곳 사람들은 누룩을 쌓은 모양과 흡사하다 해서 누룩바위라고 부른다. 그리고 보니 색깔도 누룩과 흡사하다.

용머리 해안의 누룩을
쌓은 듯한 기암절벽

또 허공으로 솟은 기암절벽에는 조그마한 방처럼 움푹 들어간 굴방과 해식동굴들이 뚫려 있다. 물론 파도가 거기까지 미쳐 바위를 깎아먹은 것은 아니다. 수면 가까이에 있던 해식단애들이 지층이 융기되면서 허공으로 치솟은 것이라고 전문가들은 말한다.

해안에서 2킬로쯤 되는 곳에는 형제섬이 떠 있다. 무인도이다. 이 섬은 보는 각도와 방향에 따라 삼형제 혹은 오형제로 흩어지는 신기를 연출해 낸다. 낚싯배라도 빌려타고 건너가면 다양한 해양생물들을 관찰하는 재미가 쏠쏠하다.

용머리 앞바다는 유난히 푸르고 수평선도 저 멀리 비켜나 있다. 굳이 따진다면 용머리 앞바다는 남해가 아니라 동중국해이다.

용머리 해안을 돌아나오면 사계 해변으로 이어진다. 해안도로가 운치있게 잘 나 있지만, 송악기슭까지 걸어가는 맛도 예사가 아니다. 무려 250킬로나 되는 제주의 해안은 대부분 현무암과 조면암, 안산암으로 덮여 있어서 서해안과 같은 펄은 거의 찾아볼 수 없다. 그러나 밀물과 썰물이 드나드는 조간대는 어디나 형성되어 있다.

사계 해안의 조간대에도 개펄만큼이나 다양한 해양생물이 살고 있어 게, 고둥, 따개비, 문어, 홍합 등 갖가지 신기한 생물을 관찰하는 재미가 여간 아니다. 특히 개펄에서는 죽었다 깨어나도 볼 수 없는 파래, 우뭇가사리, 청각, 김, 톳나물, 모자반 같은 해초류도 덤으로 관찰할 수 있다.

또 바위톱 사이로 군데군데 하얀 조개껍데기와 용암부스러기들로 이루어진 작은 모래밭이 숨어 있다. 해안을 걷노라면 그 모래밭에 뿌리를 박고 갯메꽃, 번행초, 갯까치수영, 갯쑥부쟁이가 봐란듯이 피어 있고 모래밭 너머로는 억새밭과 해송밭이 펼쳐져 있다.

갯메꽃은 메꽃과 비슷하지만, 난대식물처럼 풀잎이 억세

여러해살이 덩굴풀 갯메꽃(왼쪽)은 바닷가 모래땅에서 자생하며 5~6월에 연분홍 꽃이 핀다. 송악산까지 5킬로 가량 길게 뻗어 있는 사계 해안(오른쪽). 해안의 바위는 거의 현무암과 조면암이다.

며 윤기가 나고 열매도 메꽃보다 큰 편이다. 섬지방에서는
흔하게 볼 수 있으며, 북쪽으로는 강화도 해안까지 올라가
있다. 봄에 피는 연분홍 꽃이 여간 함초롬하지 않다.

　뭍에서 보는 쑥부쟁이보다 키가 작고 억세어 보이는 갯
쑥부쟁이도 이곳 남쪽에서는 삼동 겨울에도 연자줏빛 꽃을
피운다.

　그러나 갯가를 거니는 걸음이 가뿐하지만은 않다. 개펄
이 그렇듯이 이곳 제주도의 조간대도 개발의 몸살에서 헤
어나지 못하고 있다. 도로와 부두 확장, 택지개발, 관광 편
의시설 조성 등을 이유로 지난 10년 동안 무려 40만 평이
육지화되었다고 한다. 자치단체에서는 매립지를 팔아 수입
을 짭짤하게 올리고 있지만, 그게 결국은 제 살 뜯어먹기라
는 사실을 왜 모르는지 안타깝기만 하다.

　바다직박구리도 인적 없는 사계 해변의 텃새이다. 바다
직박구리는 제주도 바닷가 어디에서나 쉽게 볼 수 있다. 주
로 해안가 암초나 바위절벽 가까이 한적한 곳의 바위틈에
둥지를 틀고 사는데다, 무리를 짓거나 시끄럽게 떠벌이지
않고 혼자 놀아 마치 해변의 고독한 길손 같다. 바다직박구
리도 짙푸른색과 밤색 패션으로 치장한 수컷이 암컷보다
더 아름답다. 마른풀이나 뿌리를 이용해서 밥그릇 모양의
둥지를 틀고 살며, 곤충류와 작은 파충류를 즐겨 먹는 육식
성이다.

　사계 해안에 이어진 상모리 농경지를 무리지어 날아다니
는 밭종다리는 바다직박구리와 달리 쌍쌍이 붙어다니는 잉
꼬 같은 새다. 연한 황갈색의 눈썹 선이 참으로 매력적이

제주의 텃새 바다직박구리(위). 크기는 직박구
리만하고 암·수가 빛깔이 다르다.
참새보다 약간 크고 색이 짙은 밭종다리(아래).

다. 잡식성이라 먹성도 좋다.

멧비둘기 한 마리가 피곤한 날개를 접으며 바닷가 숲으로 날아들고 있다. 제주도의 멧비둘기를 보면 마음이 더욱 서글퍼진다. 제주도 멧비둘기는 오랜 세월 동안 마을 숲을 삶터로 살아왔다. 그런데 사람들이 길조라고 해서 까치를 뭍에서 들여온 후로 살맛을 잃어버렸다. 먹이와 서식 영역이 같은 까치떼에게 밀려 이제는 외로운 방랑자 신세가 되어버린 것이다.

인간들의 사소하고도 헛된 욕심이 생태계를 어떻게 무너뜨리는지를 잘 보여주는 한 예이다.

이 밖에도 사계 해안에서는 봄가을의 도요새류를 비롯하여 물떼새와 백할미새가 관찰된다. 개체수는 많지 않으나, 겨울이면 철새도 몇백 마리는 족히 날아든다.

사계 해변이 끝간 곳에 송악산이 두 다리를 뻗고 편안하게 누워 있다.

산방산 쪽에서 보면 송악산은 마치 수면 위에 머리를 드러낸 악어 형상을 하고 있다. 그래서 악어산이라고도 하지만, 이름과 달리 참 순하게 생겼다. 몇 개의 봉우리가 한데 뭉개져 자아낸 능선이 마치 여인의 몸매처럼 부드럽다.

그러나 남쪽과 동쪽은 깎아지른 해식단애이다. 그 단애에 해식동굴 같은 구멍이 여러 개 뚫려 있는데, 이 비밀구멍은 자연적으로 생긴 것이 아니라 태평양전쟁 때 일본이 어뢰정을 은닉하기 위해 인공적으로 뚫은 굴이다.

바다에서 용암이 분출해서 이루어진 작은 응회암 화산인 송악산 꼭대기에는 세계에서도 흔치 않는 이중분화구가 어

해발 104미터의 송악산에는 깊이 70미터나 되는 이중분화구가 있다.

렴풋이 남아 있다. 송악산이 수중과 뭍에서 두 차례나 폭발했음을 보여주는 증거이다.

송악산은 거대한 송이산이다. 송이란 화산암의 검붉은 쇄설물 알갱이를 가리키는데, 난초 화분에 넣는 마사토와 흡사하다. 이곳 송악산뿐 아니라 제주도 오름은 거의 대부분 송이산이다. 하지만 이 송이가 건축자재나 원예용으로 쓰이기 시작하면서 상당수의 오름들이 알게 모르게 박살이 나고 있다. 마치 육지의 채석장 같은 생채기들이 보는 이들의 눈을 아프게 한다.

머지않아 송악산도 끝장날 것 같다. 지난 1999년 12월에 제주도가 관광지 개발 승인을 내주어 벌써 공사용 조립식 건물이 들어서기 시작했다. 개발이 시작되면 상모리 지역에도 골프장이 들어설 것이다. 현재 제주도 내에는 30여 개의 골프장이 있다. 환경단체들이 발악을 해도 자꾸만 생겨난다.

업자들은 방목장이나 골프장이나 다 같은 초록이 아니냐
고 우긴다. 같은 초록이지만, 방목장과 골프장은 생태적으
로 크게 다르다. 골프장은 시멘트바닥과 다를 바 없는 녹색
사막이다. 거기에는 곤충도 새도 날아들지 않는다. 아니,
그런 것이 날아들어서는 안 되는 곳이 골프장이다. 물론 꽃
도 없다. 제비꽃 한 포기도 피어서는 안 되는 곳이 골프장
아닌가. 또 방목장보다 골프장을 하면 훨씬 경제적이라고
우기지만, 골프장이 생기면 제주도 사람들은 그저 풀이나
뽑는 막노동꾼으로 만족해야 할 것이다.

한반도의 마침표, 마라도

송악에 올라보면 가파도와 마라도가 한달음에 건너뛸 수
있을 정도로 가깝다.

마라도 건너가는 뱃길은 두 군데에서 열린다. 모슬포항
에서는 하루에 한 번 정기연락선이 뜨고, 송악산 선착장에
서는 하루 여섯 번씩 관광유람선이 뜬다. 50톤급 정기연락
선으로는 40분이 걸리고, 100톤급 유람선으로는 30분이면
마라도에 닿는다. 그러나 뱃길이 녹록치 않다. 기상이변과
높은 파도 때문에 마(魔)의 물목으로 불린다. 그래서 '모슬
포는 못살포'라는 말이 생겼고, 연락선도 결항하기 일쑤이
다. 게다가 마라도 해안은 험한 절벽으로 되어 있어서 아직
선착장도 마련하지 못하고 있는 실정이다.

가파도는 바다 위에 뜬 접시 같은 섬이다. 그래서 파도를
덮는다고 처음에는 개파도(蓋波島)라고 불리었다. 마라도
와는 달리, 산이나 단애가 없는 해발 20미터의 평평한 초지

이다. 당연히 간만의 차가 심하고 수심이 얕다. 한 시간이면 섬 한바퀴를 다 돌수 있을 만큼 작지만, 그래도 200가구가 옹기종기 마을을 이루고 있다.

가파도에서도 한참이나 더 가야 마라도가 나온다. 그래서 마라도는 섬의, 섬의 또 섬이다.

마라도는 우리나라 최남단 섬으로, 한반도의 마침표와도 같다. 마라도의 위치는 북위 33도 07분, 동경 126도 16, 면적은 10만 평. 고구마처럼 길쭉하게 생겼다. 섬이지만, 모래밭이 전혀 없다. 모두가 해안절벽이다.

섬을 빙 둘러싼 그 해안절벽 때문일까, 마라도에 들어서면 누구나 차분해진다. 적게는 몇백 명, 많게는 천 명을 훨씬 넘는 관광객들이 매일 마라도를 찾지만, 뭍에서처럼 소리치고 흥청대는 사람은 없다.

섬에 닿으면 맨 먼저 눈에 띄는 것이 선착장에 이어진 해식동굴이다. 이처럼 마라도에는 파도가 해안절벽을 충치처

마라도를 둘러싼 해안절벽에 나 있는 해식동굴

럼 파먹은 해식동굴이 많이 발달해 있다.

해식동굴의 생성은 해안을 이루는 절벽의 지형과 함수관계가 있다. 즉 수평선과 절벽이 만나는 각도가 클수록 해식동굴이 활발하게 형성된다. 그러나 파도의 이 같은 물리적인 공격만으로 해식동굴이 생기는 것은 아니다. 파도 속에 섞여 있는 모래나 자갈이 균열 사이를 들락거리며 절벽을 깎아먹는 것도 원인이고, 암석의 종류하고도 깊은 관계가 있다.

또 오랜 세월 바닷속에 있다가 해안이 융기하면서 나타나는 경우와 반대로 뭍에 있던 동굴이 오랜 세월의 해안침강에 의해 해식동굴이 되는 경우도 있다. 이런 해식동굴은 지각작용으로 침강하다가 완전히 침수하면 해중동굴이 된다. 물론 이러한 동굴에는 석회암동굴에서 볼 수 있는 종유석이나 석순 같은 2차생성물이 없다.

선착장 계단을 오르면 마을까지 보도블록이 이어진다. 마라도에 사람들이 살기 시작한 것은 100여 년 전인 1883년부터이다. 대정읍에 살던 김모씨가 도박으로 살림을 탕진하고 이곳으로 건너와 살기 시작했다고 한다. 그후 여러 사람이 건너가서, 원시난대림의 마라도 숲들을 불태워 농경지로 만들고 정착했다. 지금은 20여 가구의 60여 명이 고기잡이와 민박을 업으로 해서 살아가고 있다.

마라도에서 가장 높은 곳은 해발 34미터. 산이라기보다는 구릉이다. 그 구릉 기슭은 한 뼘 해송밭, 두 뼘 풀밭, 세 뼘 억새밭으로 이루어져 있다. 바람이 거세어서 소나무도 억새도 다 키가 작다. 그래서 10년 전까지만 해도 집집이

소 몇 마리씩은 풀어 길렀고 그 쇠똥을 말려 땔감으로 썼다. 하지만 지금은 흑염소 몇 마리만 간간이 눈에 띌 뿐, 소는 보이지 않는다.

학교 앞을 지나면 민가와 횟집이 몇 채 있고, 유일한 절집인 기원정사가 앉아 있다. 기원정사 대웅전은 통나무로 지어서 마치 휴양림 방갈로 같다.

기원정사를 돌아가면 억새밭이 펼쳐진다. 그 남쪽 끝 언덕 위에 최남단을 알리는 비석이 서 있고, 억새밭 윗머리에는 등대가 자리하고 있다. 비록 자그마하지만, 세계 해도(海圖)에 빠지지 않는 유명한 등대이다.

마라도의 식생은 별로 볼 것이 없다. 제주대학교 조사에 따르면, 종류도 90여 종을 넘지 못한다. 다만 등대 옆 절벽 끝에 선인장군락이 아슬아슬하게 붙어 있다. 대개 도심의 꽃집에 있는 외국산 원예종과 달리 이곳 선인장은 자생이다.

제주도에서는 선인장을 백년초라고 부른다. 손바닥선인

구릉 기슭의 초원

장이라는 이름으로 널리 알려진 제주 선인장은 주로 제주
도 남서쪽 해안지역에 자생하며 한림읍 월령리에 대규모
군락지가 있다. 키가 큰 것은 2미터에 이르지만, 바람 센 마
라도 선인장은 키가 작다. 손바닥 같은 것이 줄기이며, 가
시는 잎이다. 처음에는 부드럽던 가시가 이윽고 딱딱해지
면 금방 떨어지며, 6월이면 줄기 윗부분에 노란 꽃이 핀다.
씨앗을 품고 있는 자줏빛 열매는 요즘 도시에서 약재로 인
기가 높다.

　선인장만큼 마라도에서 흔히 만날 수 있는 야생화는 엉
경퀴이다. 군락이라고 부르기엔 좀 모자라지만, 곳곳에서
눈에 띌 정도로 많다.

　그러나 마라도에서는 조류를 보기가 쉽지 않다. 다양성
이나 개체수 면에서 매우 빈약하다. 뭍에서 날아온 백로 몇
마리, 선창 주변을 맴도는 괭이갈매기와 바다직박구리가
고작이다. 바람이 거세어서 참새도 흔치 않거니와, 해안이

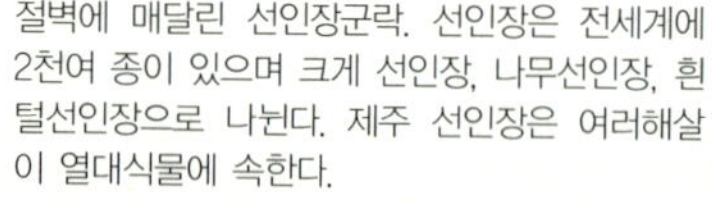

절벽에 매달린 선인장군락. 선인장은 전세계에
2천여 종이 있으며 크게 선인장, 나무선인장, 흰
털선인장으로 나뉜다. 제주 선인장은 여러해살
이 열대식물에 속한다.

모두 절벽이라서 그 흔한 도요새나 물떼새도 보기 어렵다.

그렇다고 마라도를 떠나는 발걸음이 가볍지 않은 까닭
이 여기에 있는 것이 아니다. 게딱지 같은 이 작은 섬에서
도 자동차 몇 대가 눈에 띈다. 아무리 먼 곳도 걸어서 5분
안팎인 이 작디작은 섬에까지 환경오염의 주범인 자동차
를 들여놓았다는 것은 자연에 대한 오만과 불경이 아닐 수
없다.

교통
제주버스터미널에서 10분마다 중문 가는 버스가 있다. 버스를 이
용할 때는 미리 도로망을 살펴보는 것이 좋다. 12번도로는 제주에
서 출발하여 섬을 일주하는 도로이다.

숙식
중문관광단지에 식당과 모텔, 호텔이 있다. 마라도는 민박집(064-
792-8512/8517/8506)에서 식사를 제공한다. 미리 예약하고 가는
것이 편리하다.

기타
정방폭포(733-1530), 산방굴(794-2940), 모슬포(794-3500)도 함
께 둘러보면 좋을 것이다. 자연생태에 대해서는 '푸른이어도사람
들'(759-2162)의 자문을 얻으면 큰 도움이 된다.